U0269064

杂原子掺杂碳在重金属废水处理中的应用

陈　锋　著

黄河水利出版社

·郑州·

内 容 提 要

本书分为基础篇和实例篇,主要包括绪论、吸附法在重金属废水处理中的应用、杂原子掺杂碳简介及在重金属废水处理中的应用,硼掺杂微介孔碳球对镉的吸附特性研究、硼掺杂石墨烯对废水中铬的吸附性能及机制、氮硫双掺杂微介孔碳片高效去除废水中的铬。

本书可供从事重金属废水处理的研究人员和技术人员参考使用,也可供相关专业师生阅读参考。

图书在版编目(CIP)数据

杂原子掺杂碳在重金属废水处理中的应用/陈锋
著. —郑州:黄河水利出版社,2020.10
ISBN 978-7-5509-2843-5

Ⅰ.①杂⋯　Ⅱ.①陈⋯　Ⅲ.①重有色金属-废水处
理-吸附法-研究　Ⅳ.①X758

中国版本图书馆 CIP 数据核字(2020)第 196711 号

出　版　社:黄河水利出版社
　　　　　地址:河南省郑州市顺河路黄委会综合楼 14 层　　　邮政编码:450003
发行单位:黄河水利出版社
　　　　　发行部电话:0371-66026940、66020550、66028024、66022620(传真)
　　　　　E-mail:hhslcbs@126.com
承印单位:河南新华印刷集团有限公司
开本:787 mm×1 092 mm　1/16
印张:8.75
字数:152 千字　　　　　　　　　　　　　印数:1—1 000
版次:2020 年 10 月第 1 版　　　　　　　　印次:2020 年 10 月第 1 次印刷
定价:55.00 元

前　言

　　近年来,社会经济和工业发展迅速,环境水质不断地受到破坏,重金属污染对人类健康和水生生态系统构成严重的威胁,引起了人们的广泛关注。重金属废水具有离子种类多、成分复杂、金属浓度和硬度高、水量大等特点,长期以来缺乏高效经济的处理技术。

　　本书首先介绍了重金属废水的来源及危害、各种重金属废水处理方法的优缺点,然后详细介绍了吸附法在重金属废水处理中的应用,并探讨了杂原子掺杂碳的制备方法及在重金属废水处理中的应用前景,最后结合作者的研究实践,用实际的案例向读者展示了杂原子掺杂碳在重金属废水处理中的应用,包括硼掺杂微介孔碳球对镉的吸附特性、硼掺杂石墨烯的制备、对废水中铬的吸附性能及机制,氮硫双掺杂微介孔碳片吸附废水中铬的影响因素、动力学、热力学、等温线和吸附机制。本书可供从事重金属废水处理的研究人员和技术人员参考使用,也可供相关专业的师生阅读参考。

　　本书的成果得益于 2019 年度河南省青年人才托举工程项目(2019HYTP012)、河南省高等学校重点科研项目(19A610004)和河南工程学院博士基金项目(D2017011)的大力支持,作者在此表示感谢!

　　书中所引用文献资料都尽量注明出处,便于读者检索与查阅,但为了达到全书整体的要求,做了部分取舍和变动,对于没有说明之处,望原作者或原资料作者谅解,笔者在此表示感谢!

　　由于时间仓促,再加上作者知识有限,书中还存在一些不妥或错误之处,恳请专家和读者批评指正。

作　者

2020 年 7 月

目　录

第 1 篇　基础篇

近年来,随着我国经济的飞速发展,现代工业也快速崛起,随之而来的是工业废水的排放量急剧增加。采矿、冶炼、化工等行业排放的工业废水中含有多种重金属离子,如铜、汞、铅、锌、六价铬、镉和砷等,造成我国水体重金属污染问题愈发严重。中华人民共和国环境保护部发布的 2015 年环境统计年报中显示,2015 年,全国废水排放量 735.3 亿 t,比 2014 年增加 2.7%。工业废水排放量 199.5 亿 t,比 2014 年减少 2.8%;占废水排放总量的 27.1%,比 2014 年减少 1.6 个百分点。工业废水中重金属汞、镉、六价铬、总铬、铅及砷排放量分别为 1.0 t、15.5 t、23.5 t、104.4 t、77.9 t 和 111.6 t。这些重金属离子会通过水体的富集作用进入到生物链中,最终进入人体,对人体健康造成极大的威胁。因此,对重金属废水的处理已经刻不容缓,这一方面有利于保护人们的身体健康,另一方面可以保护我国的生态环境。

第1章　绪　论

1.1　引　言

　　水,是生命之源,是人类赖以生存的物质基础,对人类的生存生活和社会经济的发展有着重要的影响。随着社会经济的发展和人们需求的日益增大,工业废水、城镇污水和生活污水的排放量不断增加,严重超过了自然水体的自净化能力。而且,随着采矿、制革、电池、金属电镀、化肥工业、农药和造纸等行业的快速发展,重金属已成为我国水体污染主要的污染源之一。重金属一般在环境与健康领域主要是指铅(Pb)、镉(Cd)、汞(Hg)、铬(Cr)和类金属砷(As)等生物毒性显著的元素,也泛指铜(Cu)、锌(Zn)、钴(Co)、镍(Ni)和锡(Sn)等一般重金属。研究表明,这些重金属离子难以被微生物通过代谢而降解,会通过食物链蓄积作用最终进入人体,并在人体内积累,对人类造成严重损伤和引起各种疾病,长期接触重金属离子对人体肾功能和肝脏细胞会造成损害,还可能引发头痛、腹泻、失眠、恶心、呕吐和慢性哮喘等一系列疾病。因此,除去水体中的重金属,对维持国家的可持续发展、保护人民的生命健康、保障国民经济的稳步发展、维护社会的和谐稳定都非常重要,是目前急需解决的问题之一。

1.2　重金属废水的来源及危害

1.2.1　重金属废水的来源

　　随着社会经济和工业的迅速发展,环境水质不断地受到破坏,重金属污染对人类健康和水生生态系统构成严重的威胁,水体重金属污染已经引起了人们的广泛关注。其中,重工业生产废水造成的水体重金属污染问题极为突出,据国家环保部门统计显示,每年约有几百亿吨的工业废水排放到水体环境中,其中60%以上为重金属废水。历史上也曾发生过重大的重金属污染事件,日本由于镉的污染引发了"痛痛病",由于汞中毒造成了"水俣病";罗马尼亚金矿氰化物污染和孟加拉国砷污染均产生严重且深远的影响。近年来,我国也多次出现重金属水体污染事件,例如 2012 年广西发生龙江镉污染事件,镉含量超《地表水环境质量标准》(GB 3838—2002)Ⅲ类标准约 80 倍,造成大量的鱼虾、贝类等死亡,严重威胁到沿线居民的饮水安全。此外,由于重金属废水的违规排放,许多地区出现"癌症村",铅中毒引起的血铅事件在很多省市相继出现,含铜废水泄漏、含镉大米事件和铬渣事件等也有所报道。如今,重金属废水污染已成为我国水质污染的重点防治对象。

重金属废水的来源非常广泛,主要来源于矿山开采、钢铁,以及有色金属冶炼、金属材料和金属制品的加工及使用过程,如矿山坑内排水、废石场淋浸水、选矿厂尾矿排水、钢铁厂酸洗排水、有色金属加工厂的酸洗水、电镀厂镀件洗涤水,以及电池、油漆、染料、橡胶、塑料、农药、化肥肥料、制革等工业制品的加工及使用废水,其中采矿和冶炼是最主要的污染源。除此之外,重金属污染来源还包括交通运输污染、生活污染、农业污染等,这些污染源通过直接或间接的方式排放到环境中,污染水体、土壤和大气,最终危害人体生命健康。其中,重金属镉主要来源于电镀、金属冶炼厂的废物排出、镀锌管道的腐蚀,废电池的流出液,涂料、摄影和印刷等行业排出的废液。重金属铬主要来源于冶金、化工、矿物工程、电镀、制铬、颜料、制药、轻工纺织、铬盐及铬化物的生产等一系列行业。重金属铅主要来源于蓄电池回收、五金、冶金、机械等工业废水。重金属铜主要来自有机合成、染料、农药、电镀、橡胶、化工、有色金属采选和冶炼等行业。

1.2.2　重金属废水污染的特点

重金属废水污染主要有以下特点:

(1)天然水体中的重金属浓度虽低,但其毒性可以长期持续。水体中某些重金属可在微生物作用下转化为毒性更强的金属有机化合物。

(2)生物富集浓缩,构成食物链,危及人类。生物从环境中摄取重金属,并在体内或某些器官中富集,其富集倍数可高达成千上万倍,陆生农作物、水生动植物都可富集。然后作为食物进入人体,在人体的某些器官中积蓄起来构成慢性中毒,严重危害人体健康。

(3)重金属无论用何种处理方法或微生物都不可能降解,只会改变其化合价和化合物种类。天然水体中 OH^-、Cl^-、SO_4^{2-}、NH_4^+、有机酸、氨基酸、腐殖酸等,都可以同重金属生成各种螯合物或络合物,使重金属在水中的浓度增大,也可使沉入水中的重金属又释放出来而迁移。

（4）在天然水体中只要有微量重金属，即可产生毒性反应，一般重金属产生毒性的范围在 1.0~10 mg/L，毒性较强的重金属如汞、镉等毒性浓度范围在 0.001~0.1 mg/L 等。

（5）重金属可通过食物、饮水、呼吸等多种途径进入人体，从而对人体健康产生不利影响，有些重金属对人体的积累性危害往往需要一二十年后才能显现出来。

1.2.3　重金属废水的危害

重金属可通过食物链在人体及动植物体内不断富集，当重金属富集浓缩到一定浓度时，就会引起急性或者慢性中毒，对人体和动植物造成伤害。进入人体的重金属离子对人体体内组织中的蛋白质和生物酶的活性具有抑制作用，蛋白质和生物酶会在重金属离子的诱导下不断发生聚集和病变，最终丧失活性。当人体内的重金属浓度达到或超过人体器官所能承受的某一阈值时，肝脏、肾脏和脾脏等组织器官就会发生病变，人体就会出现急性或慢性中毒症状。此外，重金属离子对器官还具有致畸、致癌和致突变等作用，对人类健康具有十分严重的影响和危害。

重金属的危害，具体到不同重金属离子表现又不相同。例如，重金属镉及其化合物进入人体后，体内累积的镉会损害肾脏功能，骨骼中的镉会使骨质软化和疏松，甚至骨折，长期接触具有"三致"效应。"痛痛病"就是慢性镉中毒最为典型的例子。重金属汞为积蓄性毒物，除慢性和急性中毒外，还具有致癌和致突变的作用，日本水俣病即是由于甲基汞在人脑中积累所导致的。长期接触铅及其化合物会导致心悸、易激动、血项红细胞增多等症状。铅侵犯神经系统后，会出现失眠、多梦、记忆减退、疲乏，进而发展为狂躁、失明、神志模糊、昏迷等，最后因脑血管缺氧而死亡。血铅水平往往要高于 2.16 μmol/L 时才会出现临床症状，因此许多儿童体内血铅水平虽然偏高，但却没有特别的不适，轻度智力或行为上的改变也难以被家长或医生发现。铬的危害主要表现为致毒作用、刺激作用、累积作用、变态反应、致癌作用及致突变作用，对神经细胞的危害最大，六价铬化合物则有可能引起很多急性病，如肝损伤、溃疡、鼻中隔穿孔和呼吸癌。铜虽然是人体必需的微量元素，但过量的铜会使皮肤坏死，对肝脏造成损害，引发疾病。锌虽也是人体必需的微量元素之一，但如果摄入含锌的食物过量，将会造成锌中毒。因此，重金属污染已成为关系到人类生存和健康的重大环境问题。

1.3　重金属废水的处理现状

针对重金属废水污染的问题,必须通过切实可行的外源控制技术,以实现对过量重金属离子的有效去除,满足重金属废水浓度达标排放和防止人体健康受到危害。而外源控制技术实质就是重金属废水的处理技术。目前,重金属废水的处理方法主要有化学沉淀法、离子交换法、混凝或絮凝法、浮选法、萃取法、膜过滤法、电化学处理法、氧化还原法、生物法和吸附法等。各种重金属废水处理方法的优缺点如表 1-1 所示。

表 1-1　各种重金属废水处理方法的优缺点

处理方法	优点	缺点
化学沉淀法	工艺简单,无金属选择性,技术成本低廉	产生大量富含重金属的污泥,污泥处理成本和相关维修费用较高
离子交换法	良好的金属选择性,pH 可处理范围小,再生效率高	运行成本高,特别是维修费用
混凝或絮凝法	具有细菌灭活能力,良好的污泥沉降性能和脱水性	化学品消耗大,且产生大量的污泥
浮选法	良好的金属选择性,停留时间短,可去除更小的颗粒	运行和维护成本较高
萃取法	设备简单,操作方便,有利于进一步回收利用重金属	操作费用高,能源消耗大
膜分离法	产生固体废物少,消耗的化学品少,运行空间要求少,有一定的金属选择性	运行和维护成本较高,膜易受到污染,使得性能降低,流量有限
电化学处理法	无须添加化学药剂,中度金属选择性,处理污水中重金属含量>2 000 mg/L	费用高,产生氢气,需过滤
氧化还原法	对含氰、镉废水处理效果较好	消耗较多的化学药品和原材料,费用高,操作复杂
生物法	处理方法简便实用,过程控制简单,污泥量少,二次污染少	功能菌繁殖速度和反应速率慢,处理水难以回用
吸附法	可处理多种目标污染物,高吸附容量,吸附速度快,有多种吸附剂可供选择	性能取决于吸附剂的类型,需要通过必要的化学改性来提高吸附剂的吸附能力

各方法的具体特点详细叙述如下。

1.3.1　化学沉淀法

化学沉淀法是处理水体重金属污染技术中使用较为广泛的方法之一,基本原理是通过化学反应使废水中的重金属离子转变为不溶于水的沉淀物,通过过滤和沉淀等方法分离沉淀物。根据投加沉淀剂的不同,化学沉淀法可以分为氢氧化物沉淀法、硫化物沉淀法、碳酸盐沉淀法、磷酸盐沉淀法、钡盐沉淀法和铁氧体共沉淀法等。

(1)氢氧化物沉淀法。氢氧化物沉淀法的关键是要掌握重金属离子与OH^-起沉淀作用时的最佳 pH,以及处理后残液在溶液中的金属浓度。离子反应式为

$$M^{n+} + nOH^- = M(OH)_n \tag{1-1}$$

其中,M^{n+}为重金属离子;$M(OH)_n$为生成的氢氧化物。

则溶度积的计算公式:

$$K_{sp} = (M^{n+})(OH^-)^n \tag{1-2}$$

$$\lg(M^{n+}) = \lg K_{sp} - n\lg K_w - n pH \tag{1-3}$$

式中　K_{sp}——氢氧化物的溶度积;

　　　K_w——水的离子积。

由式(1-2)和式(1-3)可得出各种重金属离子与OH^-作用随 pH 变化的关系图,并从图中得到每种离子沉淀的最佳 pH。如采用石灰处理浓度为 150 mg/L 的含Cd^{2+}废水,研究表明,pH 大于 9.5 时,持续加药可进一步降低Cd^{2+}的浓度。

(2)硫化物沉淀法。是通过投加硫化物使重金属离子生成难溶的金属硫化物沉淀从而去除。常用的硫化物有硫化钠、硫化氢和硫氢化钠等。金属离子对S^{2-}的亲和力顺序如下:镉>汞>银>钙>铋>铜>锑>锡>铅>锌>镍>钴>铁>砷>钛>锰,排位靠前的金属比靠后的易形成硫化物,其溶解度也越小,更容易处理。但硫化物有毒,为了保证金属污染物的完全去除常常加入过量的硫化物,这样会生成硫化氢气体造成二次污染,限制了这种方法的应用。

(3)碳酸盐沉淀法和磷酸盐沉淀法。是利用碳酸盐和磷酸盐等化学沉淀剂与镉离子生成碳酸镉和磷酸镉等难溶物,使其呈沉淀析出。为了加速沉淀,改善出水效果,往往向废水中投加絮凝剂,同时加入助凝剂(酸碱类、矾花类、氧化剂等),以减少药剂用量,加强混凝效果。

(4)钡盐沉淀法。是将可溶性钡盐加入废水中,使其中重金属离子生成难溶性钡盐沉淀,而除去重金属离子的一种方法。常用的钡盐沉淀剂有氯化

钡、碳酸钡和氢氧化钡等。该法需注意钡盐的投加量与废水中重金属离子的含量、pH 呈一定关系,反应中要投加过量的可溶性钡盐,因此处理后的废水还应进行除钡,增加了操作流程。当废水中的硫酸根等离子过多时,会增加钡盐的消耗量,同时生成过多的硫酸钡沉淀,一定程度上限制了该法的使用。

(5)铁氧体共沉淀法。是通过向废水中投加铁盐使废水中的各种重金属离子形成铁氧体晶粒并一起沉淀析出,再利用磁力进行分离,从而达到净化作用的一种方法。铁氧体是一类复合的金属氧化物,其化学通式为 M_2FeO_4 或 $MOFe_2O_4$(M 代表其他金属),大约有上百种。该法能够一次脱除废水中的多种金属离子,且效果比较好,处理后的废水中各种金属离子的浓度均能达到污水的综合排放标准。铁氧体共沉淀法又分为中和法和氧化法两种。中和法是将二价和三价的铁盐加入到重金属废水中,用碱中和到适宜的条件从而形成铁氧体晶体;氧化法是将硫酸亚铁加入到重金属废水中,用氢氧化钠调节溶液的 pH 到 9~10,加热并通入空气进行氧化,从而形成铁氧体晶体。

1.3.2　离子交换法

离子交换法是靠交换剂自身所带的可自由移动的离子与被处理溶液中的离子进行离子交换来实现的。推动离子交换的动力是离子间浓度差,以及交换剂含有的功能基团对离子的亲和力。离子交换树脂是最常用的离子交换剂,树脂的性能对其应用有较大的影响。

常用的离子交换树脂有阳离子交换树脂、阴离子交换树脂、螯合树脂和腐殖酸树脂等。阳离子交换树脂由聚合体阴离子和可供交换的阳离子构成,可用于处理含 Cr^{3+}、Cu^{2+}、Zn^{2+} 和 Ni^{2+} 等重金属阳离子的废水;阴离子交换树脂是由高度聚合体阳离子和可交换的阴离子构成,树脂上的阴离子主要与废水的 $Cr_2O_7^{2-}$ 或 $HCrO_4^-$ 交换,从而达到净化含铬废水的目的;螯合树脂表面带有螯合基团,对特定重金属离子具有选择性;腐殖酸树脂是由交联剂和腐殖酸交联而成的高分子材料,含有甲氧基、酚羟基和羟基等官能团,具有阳离子交换和络合能力。

离子交换法是比较理想的处理重金属离子的方法之一,占地面积较小,管理方便,重金属去除率较高,处理得当还可使再生液作为可利用资源回收,不会对环境造成二次污染。但离子交换法的缺点是一次性投资较大,树脂易受污染或氧化失效,再生频繁,操作和维护费用较高。

1.3.3　混凝或絮凝法

混凝或絮凝法是指在水体中加入合适的混凝剂或絮凝剂,使得水体中胶粒物质在物理化学作用下絮凝,形成大颗粒絮体而加速沉淀,强化固液分离。早在 1979 年就有研究利用黄腐殖酸对明矾混凝去除水体中的 Cd^{2+},加入黄腐殖酸时 Cd^{2+} 的去除率高达 96%,而没有黄腐殖酸时 Cd^{2+} 的去除率只有 59%。研究还指出,通过与水中有机物及 Cd^{2+} 的作用产生配合物,会提高明矾混凝去除的能力。

1.3.4　浮选法

浮选法先使污水中的金属离子形成氢氧化物或硫化物沉淀,然后用鼓气上浮法去除;或者采用电解上浮法,在电解过程中将重金属络合物氧化分解生成重金属氢氧化物,从而被铝(或铁)阳极溶解形成的氢氧化铝或氢氧化铁吸附,在共沉淀作用下完全沉淀;或者采用离子浮选法,向重金属废水中投加阴离子表面活性剂,与水体重金属离子形成具有表面活性剂的络合物或者螯合物。研究人员根据浮选法的特点,利用茶皂素去除水中 Cd^{2+},最大去除率达到 71.17%。

1.3.5　萃取法

萃取法是实现溶液中有价金属分离、富集和提取的有效方法,在冶金行业,它被广泛地应用于稀土金属、稀散金属、贵金属和伴生金属的分离和提取,具有流程短、成本低、可处理低浓度溶液、选择性好和分离效果好等特点。近年来,随着我国矿产资源的变化,在一些资源丰富但是品位低、矿相复杂的重金属提取过程中,以及含金属废水的处理和废杂金属的回收、传统提取工艺的改进及优化过程中,也大量使用了溶剂萃取技术,并取得了一定的效果。萃取法是利用互不相溶的两液相之间的物质分配作用来进行元素分离的,它的实质是溶质在废水中和溶剂中有着不同的溶解度,溶质从水中转移到溶剂中是靠废水中实际浓度和溶剂中平衡浓度之差来进行的。这个差值越大,萃取就越容易。一般选择溶质在溶剂里的溶解度越大越好,这样可以减少溶剂的用量,使萃取获得较满意的效果。常见的萃取剂有磷酸三丁酯、二锌基氧化磷、油酸和亚油酸等。废水中重金属一般以阳离子或阴离子形式存在,在酸性条件下,与萃取剂发生络合反应,从水相被萃取到有机相,然后在碱性条件下被反萃取到水相,使溶剂再生,以循环利用,这就要求在萃取操作时选择合适的水相酸度。萃取法处理重金属废水设备简单、操作方便,萃取剂中的重金属含量高,有益于进一步回收利用,但是溶剂回收费用常常超过操作费用。而且使用这种方法时,要选择有较高选择性的萃取剂。加上溶剂在萃取过程中的流失和再生过程中能源消耗较大,使这种方法存在一定的局限性,应用受到了较大的限制。

1.3.6　膜分离法

利用具有选择性分离功能的膜,在外界推动力作用下,膜分离法可以实现溶剂与溶质的浓缩和分离。微滤、超滤、纳滤和反渗透等是常见的膜分离技术,其中反渗透和超滤在重金属废水处理中应用很广,两种技术的原理都是利用了膜孔径的大小不同,溶液中的悬浮物、胶粒及重金属无法通过反渗透膜或超滤膜,实现了去除的目的。根据材料的不同,膜材料主要包括有机膜(聚四氟乙烯膜、聚丙烯腈膜)和无机膜(陶瓷膜和金属膜),有机膜价格比较便宜、使用方便,普遍用于饮用水的处理中;而无机膜的化学性质稳定、使用寿命相对较长,具有较高的机械强度。

Tang 等通过溶胶—凝胶法在多孔不锈钢载体上制备磁铁矿 Fe_3O_4 晶体膜,改变浇铸溶液浓度可制备出不同形貌的磁铁矿膜,这种磁铁矿 Fe_3O_4 晶体膜对废水中的 Cr(Ⅵ) 有较好的去除能力,去除率达 92.5%。钟溢健等采用一种凝胶法制备出了 QSTFI 膜,并考察其对重金属 Cd^{2+} 的吸附性能,研究结果表明,QSTFI 膜对废水中 Cd^{2+} 的去除率达到了 99% 以上。Wang 等采用逐层技术制备了一种新型表面离子印迹多层膜,随后在静电相互作用下将离子印迹多层膜引入到改性聚醚砜基材上,在特定实验条件下(Cu 初始浓度 $c_0 = 200$ mg/L,pH = 6.0,$V = 400$ mL,25 ℃),使用双层沉积膜,对铜离子的最大吸附容量达到 48.0 mg/g,存在竞争离子时,复合膜对铜离子表现出更高的选择性,不仅可用于铜离子的选择性分离,还能定性检测水溶液中的铜离子浓度。膜分离法具有去除效率高、操作简单、无相变、节能环保等优点,但仍存在膜污染、膜组件成本高、稳定性差和清洗不易等问题。

1.3.7　电化学处理法

电化学处理法是电絮凝、电渗析、电浮选和电化学沉淀等的总称,主要利用金属的电化学性质,在电场的作用下可以引发一系列的物理过程或化学、电化学反应,以此达到去除重金属离子的目的。电絮凝指在直流电的作用下,可溶性阳极附近产生的金属阳离子会发生水解、聚合等反应,絮凝沉淀的金属离子得以去除。Shannag 等使用电混凝技术可以去除电镀废水中的重金属离子 Cu^{2+}、Cr^{3+}、Ni^{2+} 和 Zn^{2+}，重金属离子的去除率随着电混凝停留时间和直流电密度的增加而增加，电流密度为 $4 \ mA/cm^2$、pH 为 9.56 和停留时间为 45 min 的条件下，可有效地去除 97% 以上的重金属离子。电浮选利用水在电解过程中会产生氢气和氧气等微小气泡，污染物在气泡作用下悬浮于水面，实现了固液分离的目的，电浮选技术广泛应用于工业污水处理过程中。沉淀和电浮选联合使用可以去除废水中的有色金属，首先调节废水的 pH 为 9~10，加入正磷酸钠溶液形成微溶于水的金属溶液，在具有不溶性阳极的电浮选的作用下，实现了有色金属的高效去除。

电化学处理法的优点是化学试剂用量小、重金属去除率高、污泥的产生量较少，但初始投资高，使用过程中能耗大，使得该法还没有得到广泛的应用。

1.3.8　氧化还原法

氧化还原法是加入氧化剂或者还原剂将废水中的有毒物质氧化或还原为低毒或者无毒的物质。

氧化法主要用于处理废水中的 CN^-、S^{2-}、Fe^{2+} 和 Mn^{2+} 等离子及造成色度、味臭、生化需氧量(BOD)、化学需氧量(COD)的有机物，常用的氧化剂可以是中性分子，如氯气、臭氧和氧气等，也可以是 O^{2-}、Cl^- 等离子。该法适用于处理氰法镀镉工厂的含氰、镉的废水。这种废水的主要成分是 $[Cd(CN)_4]^{2-}$、Cd^{2+} 和 CN^-，这些离子都有很大的毒性。例如，漂白粉氧化法的反应机制为漂白粉首先水解生成 OH^- 和 HClO，OH^- 与 Cd^{2+} 反应生成沉淀，同时由于生成的 HClO 具有强氧化性，可以将 CN^- 氧化成 CO_3^{2-} 和 N_2，从而在一定程度上促进 $[Cd(CN)_4]^{2-}$ 的解离，然后 CO_3^{2-} 与 Cd^{2+} 在碱性条件下生成 $CdCO_3$ 沉淀。该法处理效果好，但适用范围比较窄，仅适用于含氰、镉的电镀废水的处理。

还原法主要用于处理废水中的铬、镉和汞等重金属离子，常用的还原剂有 SO_2、水合肼、$NaHSO_4$、$Na_2S_2O_3$、$FeSO_4$ 和 $NaBH_4$ 等，金属铁、锌、锰、铜和镁等也可作还原剂。有研究用锌粉作还原剂，以 As_2O_3 作催化剂，在 pH 为 5.5、Cd^{2+} 浓度为 250 mg/L 的废水中，加入 80 mg/L 的 As_2O_3 和 11 g/L 的 Zn 振荡反应 55 s，出水 Cd^{2+} 浓度可达 0.05 mg/L。该法在操作中应使用适当的剂量以避免二次污染，同时要考虑试剂的价格和来源。

1.3.9　生物法

生物法主要包括生物絮凝法、生物化学法和植物修复法。

生物絮凝法是指利用微生物或微生物产生的代谢物,对重金属离子进行絮凝沉淀从而去除的方法。该微生物絮凝剂可以看作是具有高效絮凝作用的由微生物构成的天然高分子。微生物表面的高电荷或强亲水性能够与颗粒作用而结合,起到良好的絮凝作用。目前开发出的可作絮凝剂的微生物有淀粉类、半乳甘露聚糖类、微生物多糖类、纤维素衍生物类和复合型生物混凝剂类等五大类,包括霉菌、细菌、酵母菌、放线菌和藻类等 17 种,其中能对重金属离子进行絮凝的有 12 种。这种方法的优点是处理废水无二次污染,安全方便,适用范围广,效果好,微生物生长快且作用条件粗放,利于工业化应用,还可以驯化或通过基因工程构造具有特殊功能的菌株,因而微生物絮凝法有着广阔的应用前景。

生物化学法是利用微生物的新陈代谢产物将重金属进行沉淀去除的方法。硫酸盐生物还原法是典型的生物化学法,该法所用到的硫酸盐还原菌(SRB)是近年来研究的热点。研究发现,SRB 可以在厌氧条件下将硫酸盐还原成硫化氢,并与废水中的重金属离子反应生成金属硫化物沉淀,从而达到净化的目的,对于重金属离子废水都有较好的去除效果。

植物修复法:广义上的植物修复技术是指利用植物通过富集、吸收、沉淀等作用去除土壤、沉积物、污泥、地表水或地下水中有毒有害污染物技术的总称,是一类利用生态工程治理环境的有效方法。利用植物处理重金属污染,主要可以利用金属累积植物或超累积植物从废水中吸收、沉淀或富集有毒金属;或改变土壤或水体中的重金属离子对生物的有效性和生物毒性,减少重金属渗透到地下水中;或通过空气扩散;或将富集了土壤中或水中重金属的植物根部或植物地上的枝条部分收割下来,达到治理污染、修复环境的目的。在植物整治技术中,可以利用的植物有草本植物、木本植物和藻类植物等。目前,常被用作修复重金属污染的植物有大麦、玉米、芥菜、褐藻、凤眼莲等。褐藻对金的吸附量达到 400 mg/g;绿藻在适宜条件下可去除 80% 以上的铜、铅、镉和汞等;凤眼莲是常用作植物修复的一种水生漂浮植物,具有生长快、耐受性强、去污速度快、适用的重金属范围广等优点。木本植物和草本植物也有较好的净化效果,具有效果好、处理量大、受气候影响小、不与食物链相连等优点,如红树幼苗、香蒲、紫萍、扬黑藻、白睡莲、喜旱莲子草、水龙、水车前、刺苦草、浮萍等。用植物处理污水的优点是成本低、不产生二次污染,还可以定向栽培,治污的同时还可以美化环境,获得一定的经济效益。尽管植物修复法也有一定的局限性,但是其显著的优点使此技术有广阔的应用前景,也是未来的发展方向。但目前许多研究只是在实验室实验得到植物的理论修复能力,其进行广泛的工业化应用还需要一段很长的时间。

1.3.10　吸附法

　　吸附法是利用各种不同的吸附剂将废水中的重金属离子去除。利用吸附材料的粒径小、比表面积大或者表面含有不同官能团,使重金属离子从液相转移至吸附材料表面,具有良好的应用前景。吸附剂的种类、特性等因素均对去除效果有一定的影响,因此吸附剂的选择成为关键,根据发生反应的不同,吸附可分为物理吸附、化学吸附和生物吸附。

　　物理吸附采用吸附性能较好的吸附材料(活性炭、矿物质、无机盐等)直接去除重金属,反应的过程一般涉及物理扩散、静电吸引等作用。Salehineu 等研究发现,废油中的飞灰作为活性炭前驱体,经物理活化方法活化飞灰制得活性炭,在 pH = 5 时,对 Cu(Ⅱ)和 Pb(Ⅱ)的去除率较高,随着 pH 升高至 7 时,基本可完全去除两种重金属,去除率分别为 99% 和 99.3%。

　　化学吸附主要利用具有活性的官能团(羟基、氨基、羧基和巯基等),通过负载或改性的方法将官能团引入吸附材料表面,从而重金属的吸附能力可以得到显著改善。Liu 等采用接枝共聚的方法,制备了一种多功能表面富含羧酸盐的磁性壳聚糖,成功接枝的磁性壳聚糖具有良好的磁性特征和壳核结构,对 Ni(Ⅱ)和孔雀石绿的最佳吸附率分别为 98.3% 和 87.4%,并易于再生和分离。

　　生物吸附主要是利用细菌、真菌、藻类和树皮等生物去除重金属,即微生物细胞及其代谢产物,通过物理和化学作用实现水中重金属的去除。Bano 等研究表明,嗜盐真菌,包括黄曲霉、曲霉、青霉、油霉和嗜盐链霉菌,可用于镉、铜、亚铁、锰、铅和锌的生物吸附,其中,黄曲霉和嗜盐链霉菌对重金属去除效果最佳,去除率分别可达到 86% 和 83%。

　　吸附法的相关技术和理论基本都是围绕着吸附剂展开的,与此同时,各种类型的吸附剂的研制又会对吸附法的理论和技术起到促进作用。在 20 世纪以前,炭为主要吸附剂。20 世纪前半叶主要以活性炭和硅胶作为吸附剂。第二次世界大战以后,科学技术的飞跃发展,新材料不断出现,新技术层出不穷,加快了对更好、更高效吸附剂的研制。与此同时,在追求研发高吸附容量吸附剂的基础上,低成本吸附剂的研制越来越受到重视,寻找和选择成本低廉、生物量大、取材容易且吸附能力良好的吸附剂成为当今吸附领域研究的热点和重点。所谓低成本吸附剂,根据 Bailey 等的定义,是指那些在自然界中生物量充足,无须经过太多处理,而且是废弃工业原料的副产品。

　　综上所述,常规物理、化学方法仍然难以实现重金属污染物的深度治理与清洁化利用,排放到环境中的重金属总量仍然很大,无法消除重金属污染风险。而开发简单、廉价、高效的水处理剂用于重金属废水处理,不仅能促进冶金、化工等重金属污染行业的可持续发展,还能保障居民饮用水和粮食的安全。

第 2 章　吸附法在重金属废水
处理中的应用

吸附法是目前处理重金属废水的一种行之有效的方法,特别是对于低浓度废水,其优势十分明显。吸附剂是吸附法的关键因素。其性能的优劣决定了分离效果的好坏及分离效率的高低。从吸附剂材料的本身来说,广义而言所有的固体物质表面或多或少都会有吸附的作用。而在实际的应用过程中,吸附剂材料,即多孔性的物质或者粒径较小的物质,其本身不仅具有较高的比表面积,而且该材料经过一定的活性处理后吸附能力会进一步提升。一般来说,重金属废水的处理效果主要取决于吸附剂的比表面积、孔的结构特征和表面上的功能基团。因此,采用吸附法处理重金属废水最大的挑战是研发高效经济的吸附剂。目前,用于重金属处理的吸附剂按照来源和化学结构,可分为天然吸附剂、生物吸附剂和合成吸附剂等几种类型。

2.1　常用的吸附剂

2.1.1　天然吸附剂

按化学成分,天然吸附剂包括天然无机吸附剂和天然有机吸附剂两种类型。此外,还有为克服天然吸附剂本身的缺陷、提高吸附性能而对天然吸附材料进行改性的改性天然吸附剂。

2.1.1.1　天然无机吸附剂

天然无机吸附剂主要为天然矿物和经过简单加工处理的产物。由于来源广泛,价格低廉,在重金属废水处理中引起广泛的重视。其来源主要有膨润土、沸石、黏土矿物、高岭土、蛭石、海泡石、坡缕石、凹凸棒石和硅藻土等。报道的主要有硅酸盐黏土矿物坡缕石和海泡石吸附 Ni^{2+}、Cd^{2+}、Zn^{2+} 和 Cu^{2+},把沸石、高岭土和膨润土按照一定的比例混合煅烧制成的吸附材料处理 Pb^{2+},微波扩孔蛭石吸附 Cd^{2+}、Cr^{3+}、Cu^{2+}、Pb^{2+} 和 Zn^{2+},用凹凸棒石从酸性矿山排水中吸附 Cu^{2+}、Fe^{2+}、Co^{2+}、Ni^{2+} 和 Mn^{2+},以及采用主要由二氧化硅、氧化铝、氧化铁和氧化镁组成的天然黏土吸附剂吸附 Pb^{2+} 等。

2.1.1.2 天然有机吸附剂

天然有机吸附剂主要是农林业副产物及其加工过程中产生的废弃物。应用于重金属吸附的主要有木纤维、玉米秆、稻壳、树皮、木屑和壳聚糖等。如采用柏木树皮吸附 Cr^{6+} 和 Cr^{3+}，用平均粒径为 0.25 mm 的米糠吸附 Cu^{2+}，用硫酸、草酸、氢氧化钠和蒸馏水对稻草、棉花秸秆和玉米秸秆分别预处理后吸附重金属离子等。其中，研究比较多的是壳聚糖，由于分子链中含有大量的羟基和氨基，易与重金属离子形成螯合物，且具有环保和可生物降解等优点，备受人们的重视。如将壳聚糖加工成纳米壳聚糖和粒状壳聚糖用于 Zn^{2+} 的吸附；用脱乙酰度为 90% 的壳聚糖同时吸附溶液中的重金属离子和阴离子等，取得了较好的效果。有学者利用微波辐射方法制备了活性炭交联壳聚糖的复合吸附剂，结果发现改性后的吸附剂对 Pb^{2+} 和 Cd^{2+} 的吸附能力强于壳聚糖，且复合吸附剂对 Pb^{2+} 和 Cd^{2+} 的解吸和回收分别可达到 78% 和 88%。也有学者通过单向冷冻干燥法，制备了一种氧化石墨烯/壳聚糖多孔材料，该复合材料对 Pb^{2+} 的吸附率可提高 31%，最大吸附量可达 99 mg/g。但是，壳聚糖存在易溶胀、可溶于稀酸和力学性能差等缺点，且对重金属的吸附性能还受到其脱乙酰度、体系 pH、物理形态及原料来源的影响，因此推广应用尚有难度。

2.1.1.3 改性天然吸附剂

纯天然吸附剂虽然来源广泛、易得、无毒且价廉，但由于本身结构上的局限，一般对重金属离子的吸附容量较小，吸附效率低，选择性差，再生困难，易产生大量含重金属的废弃物而造成二次污染。为进一步提高吸附性能，扩大应用范围，常需对其进行物理或化学改性。如在膨润土上负载纳米零价铁修复电镀废水，对 Cr^{6+}、Pb^{2+} 和 Cu^{2+} 的去除效率大于 90%。采用 EDTA 修饰壳聚糖，在 Co^{2+}、Ni^{2+}、Cd^{2+} 和 Pb^{2+} 的混合溶液中能够优先吸附 Pb^{2+}，且吸附容量与单独吸附 Pb^{2+} 的最大吸附量相一致。采用柠檬酸和巯基乙酸对废啤酒糟进行改性，对重金属的吸附能力得到明显提高。对苹果渣进行黄原酸化改性后，对废水中的 Ni^{2+}、Cd^{2+} 和 Pb^{2+} 的最大吸附容量分别提高到 51 mg/g、112 mg/g 和 179 mg/g。对甘蔗渣进行黄原酸化改性后，对 Cd^{2+}、Pb^{2+}、Ni^{2+}、Zn^{2+} 和 Cu^{2+} 的最大吸附量分别提高至 219 mg/g、327 mg/g、148 mg/g、157 mg/g 和 185 mg/g。大多数改性天然吸附剂因受天然物质本身结构的限制，改性后吸附能力和选择性等提高有限。但由于其来源广泛，价格低廉，一直是人们研发的重点和热点。

2.1.2　生物吸附剂

　　生物吸附剂是指具有选择性吸附分离能力的生物体及其衍生物,其具有来源丰富、成本低廉、选择性强、去除效率高等特点。早期的生物吸附剂主要是指微生物,如原核微生物中的细菌和放线菌,真核微生物中的酵母菌、霉菌等,以及藻类。但目前生物吸附剂的范围已不仅限于微生物,还扩展至死体或活体的植物系统,即生物吸附又可分为死体吸附和活体吸附,其中生物死体表现出和重金属更强的结合性,死体细胞也具有无须供应细胞生长所需的营养及不受环境影响等优点。因此,生物死体吸附引起人们的极大关注。

2.1.2.1　微生物

　　细菌、放线菌、酵母菌、霉菌均是环境中重要的微生物资源,它们具有种类繁多、分布广、表面积巨大、带电荷、繁殖快和代谢旺盛等特点。微生物可以借助多种直接或间接作用影响环境中重金属的活性。微生物可以通过对重金属的吸附富集、氧化还原、成矿沉淀、淋滤、协同、植物吸收等作用修复环境重金属污染。有些微生物如真菌可以从大规模发酵工厂中获得大量廉价的菌体,在多种情况下这些丰富的菌体是不需要副产物的,能够实现以废治废,并且真菌类微生物具有菌丝体粗大、吸附后易于分离、吸附量大等特点。

2.1.2.2　藻类

　　藻类的细胞壁主要由多糖、蛋白质和脂类组成,有黏性,带一定的负电荷,可提供许多能与离子结合的官能团。如绿藻、微藻细胞壁含 24%～74% 的多糖、2%～16% 的蛋白质、1%～24% 的糖醛酸,它们可以提供羟基、氨基、酰胺基、醛基、咪唑、硫醇、硫醚、磷酸根及硫酸根等官能团与金属离子结合。此外,细胞膜是具有高度选择性的半透膜,这些特点决定了藻类可以富集多种离子。藻类细胞壁结构及离子种类的不同,决定了富集的效率与选择性,这可能与静电引力及离子或水合离子的半径有关。

2.1.2.3　其他生物吸附剂

　　生物吸附剂的范围并不局限于微生物,从广义上来说,丰富的天然物质或者工农业生产的废弃物,也被认为是具有相当潜力的生物吸附剂,因为它们来自生物体。例如,纤维素、淀粉、动植物碎片等天然物质及秸秆类、壳类、果皮类、渣屑类等工农业生产的废弃物均可以作为生物吸附剂。我国每年农作物秸秆总产量巨大,另外还有大量富含木质纤维素类物质的工农业废物产生,除少部分用作饲料外,很多在田间直接焚烧处理,造成严重的环境污染问题,因此利用这些原材料制备生物吸附剂不仅具有巨大的经济效益,还具有巨大的社会效益。

生物吸附法因其具有一系列的优点,被广泛用于吸附各种重金属离子。Bulut 和 Baysal 研究了麦麸去除重金属的能力,在 20 ℃、40 ℃ 和 60 ℃ 时,麦麸对 Pb^{2+} 的吸附量分别达到 69.0 mg/g、80.7 mg/g 和 87.0 mg/g。Oliveira 等研究了米糠对废水中 Cr^{6+} 和 Ni^{2+} 的处理,发现米糠的活性成分能与重金属发生强烈的化学反应。Pino 等利用椰子壳粉末吸附废水中的 Cd^{2+},发现 pH = 7 时椰子壳粉末对 Cd^{2+} 的吸附量达 285.7 mg/g。Rocha 等用水稻秸秆吸附废水中的重金属离子,发现吸附平衡在 1.5 h 内达到,最大吸附量出现在 pH 为 5.0 的条件下,且吸附能力为 $Cd^{2+}>Cu^{2+}>Zn^{2+}>Hg^{2+}$。Nada 等用琥珀酸酐和氯乙酸对甘蔗渣进行化学改性制备含有羟基的甘蔗渣,发现其对 Cu^{2+}、Ni^{2+}、Cr^{3+} 和 Fe^{3+} 等有较好的吸附效果。Fenga 和 Aldrichb 利用海藻吸附废水中的 Cu^{2+}、Pb^{2+} 和 Cd^{2+},吸附量分别为 85～94 mg/g、227～243 mg/g 和 83.5 mg/g。同时,将活海藻的吸附能力与干海藻进行对比,指出活海藻的吸附速度比干海藻的快,但吸附量比干海藻的小,且再生后吸附量也比干海藻减少得多,因此干海藻可以作为一种有潜力的重金属吸附剂。Vazquez 等在 50 ℃ 和酸性条件下用甲醛处理磨碎的松树皮,以固定单宁等多羟基酚类化合物,处理后的树皮对溶液中的 Cd^{2+} 和 Hg^{2+} 具有良好的吸附能力。Aoyama 等采用硝酸和甲醛处理落叶松树皮,发现羟基酚的溶解现象基本消除,处理后的树皮具有良好的去除 Cr(Ⅵ) 的能力。Fu 等也采用硝酸和甲醛处理针叶木树皮,发现处理后的树皮不仅对重金属离子的吸附能力有所提高,而且具有很强的从海水中吸附铀的能力。Lehrfeld 等在用酸酐类物质处理燕麦壳、玉米芯和甜菜渣的同时,采用三氯氧磷和氯磺酸进行化学改性,得到的产物中富含磷酸基和磺酸基,对重金属离子有很强的结合能力。Hassan 等制备的偕胺肟化蔗渣吸附剂具有较强的吸附金属离子的能力,其吸附离子的顺序为 $Hg^{2+}>Cd^{2+}>Cu^{2+}>Ni^{2+}$,吸附容量分别为 3.35 mmol/g、3.00 mmol/g、2.15 mmol/g 和 0.80 mmol/g。Chand 等的研究表明,在 pH = 4 时葡萄皮对六价铬的去除能力为 1.91 mol/kg。毛金浩、刘引烽等发现通过化学改性的丝瓜络对 Fe^{3+} 和 Zn^{2+} 饱和吸附量分别达 27.4 mg/g 和 36.6 mg/g。

2.1.3 合成吸附剂

根据材料的结构和性质,合成吸附剂可分为碳质吸附剂、合成树脂、合成多孔材料和合成纳米材料等几种类型。

2.1.3.1　碳质吸附剂

碳质吸附剂主要有活性炭、活性炭纤维、碳纳米管、石墨烯和有序碳材料等。活性炭是一种疏水型的吸附剂,主要依靠高比表面能来吸附重金属离子,处理后的水质很难达到要求,通常需对其进行改性来改善炭材料的表面特性提高吸附能力,如采用氧化法、硫化法、氨基化,或者采用酸处理方法或微波加热与硝酸氧化联合的方法接入配位功能基团(如羧基、醌、羰基、内酯、羟基和羧酸酐等),提高活性炭对污染物质的吸附容量。还可通过负载活性物质,提高对重金属的吸附性能,如在椰子壳活性炭上负载 Mg、颗粒活性炭上负载钛酸钠纤维等。但无论是改性还是未改性的活性炭都存在原料缺乏、成本较高、再生效率低、使用寿命短、不适合高浓度重金属废水的处理等问题,使其应用受到限制。目前,活性炭纤维的研发重点在于开发不同的原料来源和提高性能方面,报道的主要有从木质素与聚丙烯腈共聚物制备活性炭纤维和对活性炭纤维进行电化学氧化改性,提高其对重金属的吸附性能等。碳纳米管在重金属的吸附方面也引起了广泛的注意。除开发新的碳纳米管外,还通过修饰、改性来提高对重金属的吸附性能,如二硫代甲酸基功能化多壁碳纳米管和聚多巴胺修饰的氨基化碳纳米管等。

总之,碳质吸附材料用于重金属的吸附普遍存在吸附容量不够大、吸附效率不高和成本相对较高等问题。

2.1.3.2　合成树脂

合成树脂主要由烯类单体聚合制得,可通过改变单体组成和聚合方式制成不同结构的吸附材料,还可通过化学反应进一步功能化赋予吸附材料特殊的性能,因此,合成树脂吸附剂已成为该领域研究的热点,是重金属吸附材料最活跃的方向之一。目前,已研发的重金属吸附材料可分为以下几个方面:①合成重金属吸附树脂,如用 NaOH 改性的柿子粉—酚醛树脂、超支化聚氨酯树脂等。为提高对重金属的吸附能力,在吸附材料上引入、修饰螯合基团是合成重金属吸附材料的主要发展方向。如在氨甲基聚苯乙烯的氮原子上接 2 个羧甲基制成螯合树脂。②用对重金属具有较强作用的分子或基团对纤维材料进行功能化改性,如亚氨基二乙酸功能化聚乙烯醇-Co-聚乙烯纳米纤维膜。③将具有网状交联结构的水溶性高分子与水制成水凝胶,形成能保持一定形状的高分子网络体,用于重金属吸附,如交联 N-乙烯吡咯烷酮-衣康酸水凝胶、离子印迹复合水凝胶、在两亲性凝胶上接甲基丙烯酸二甲胺乙酯和在瓜尔胶上接枝聚丙烯酸乙酯等。这类材料除通过离子交换机制和孔径原则性机制吸附物质外，还可通过螯合、阳离子与阴离子间的电荷相互作用、化学键合、范德华力、偶极—偶极相互作用和氢键等作用吸附重金属离子，这是无机吸附材料不可比拟的。

　　此外，研究人员还采用以某一类型吸附材料为基体，将其他吸附材料与其结合制备出复合吸附材料，来提高材料的吸附活性、应用范围和适应性。例如，潘丙才课题组将纳米铁氧化物和锰氧化物等复合到树脂上制成几种新型纳米复合材料。曾光明课题组将聚乙烯亚胺(PEI)接枝到磁性多孔 Fe_3O_4/SiO_2 复合材料上，对重金属离子具有较好的吸附性能。

2.1.3.3　合成多孔材料

　　鉴于重金属的危害性、一些重金属的稀有性及吸附材料的实用性，需开展多孔材料的结构设计和可控制备，制备出功能化多孔材料。目前，用于重金属吸附的新型多孔吸附材料不断涌现，例如，介孔磁性氧化铁@碳包覆材料、氨丙基功能化介孔 $\delta-MnO_2$、多孔纳米钛酸钙微球和多孔硅酸钙等。对单成分多孔材料的研究相对较少，更多的是通过功能修饰与其他组分复合或杂化制成复合材料，以便更好地发挥不同组分材料的优点，从而产生协同效应。由于有序多孔材料具有高比表面积、规则且可调的孔径、大的孔容积和稳定而连通的框架结构，以及便于修饰和功能化的活性孔隙表面，对被处理对象具有良好的选择性等优点，因此目前报道的用于重金属离子吸附的合成多孔材料以有序多孔材料居多，已报道的用于重金属离子吸附的有序多孔材料主要有介孔磷酸锆、大孔磷酸钛、介孔二氧化硅、介孔有机硅和介孔碳材料等，以介孔二氧化硅及其改性多孔材料研究最多。如 Shahbazi 等合成了氨基($-NH_2$)和聚合胺(MDA)功能化的介孔二氧化硅(SBA-15、$NH_2-SBA-15$ 和 MDA-SBA-15)，孔直径分别为 7.0 nm、5.4 nm 和 4.7 nm，比表面积分别达 604 m^2/g、486 m^2/g 和 293 m^2/g。这些多孔材料一般孔径较小，大多数对重金属离子吸附容量小，对吸附液的透过性不高。

　　与介孔二氧化硅等多孔材料比较，介孔硅酸钙不仅比表面积大，孔道较规整有序，而且表面含有丰富的易与重金属离子结合且易于进一步改性的活性羟基等基团。因此，介孔硅酸钙对多种重金属离子的吸附容量较大，是一种具有广阔应用前景的吸附材料。例如，刘立华等采用十六烷基三甲基溴化铵为模板剂合成介孔硅酸钙,孔径为 4~50 nm,比表面积达 158.13 m^2/g,在 298 K 下,对 Pb^{2+} 和 Cu^{2+} 的吸附容量分别为 1.833 nmol/g 和 6.557 nmol/g,远比在相同吸附条件下活性炭的吸附容量高。Qi 等从粉煤灰中制得比表面积为 733 m^2/g 的介孔硅酸钙,对废水中 Co^{2+} 的去除率可达 98.7%。但这类材料存在重金属离子回收难、吸附剂循环使用次数少和使用寿命短等问题。

2.1.3.4 纳米材料

纳米材料是结构单元尺寸<100 nm 的物质,介于微观的原子、分子和典型宏观物质的过渡区域。应用于重金属废水处理的纳米材料可分为无机和有机纳米吸附材料,以无机纳米材料为主,如纳米 TiO$_2$、纳米铜铁矿、纳米磁性氧化铁及其改性产物和纳米零价铁等。纳米 TiO$_2$ 毒性小、粒径小、比表面积大、分散性好,并且具有良好的光催化活性、吸附性和抗光腐蚀性,能在紫外光甚至可见光的照射下降解各类化学物质,因此应用比较广泛。例如,Ghasemi 等采用锐钛矿和金红石型混合 TiO$_2$ 颗粒对 Hg^{2+} 进行吸附,其最大吸附量可达 163.9 mg/g。而 Dou 等采用与 Ghasemi 等尺寸相近的锐钛矿型 TiO$_2$ 颗粒对 Hg^{2+} 最大吸附量只达 101.1 mg/g。由此可见,尺寸相近的锐钛矿和金红石混合颗粒的吸附性能比纯锐钛矿颗粒更好。此外,纳米零价铁 NZVI 不仅具有较高的比表面积和较强的吸附能力,而且由于其具有较强的还原能力,对多种物质具有较高的反应活性和催化活性,在重金属废水处理中逐步得到研究与应用。

纳米材料虽然存在吸附容量较大、吸附速度快等优点,但仍存在以下问题:①由于比表面积大,表面能高,易于团聚而形成二次粒子,使用效果降低;②使用时,多以粉体分散于处理溶液中,由于颗粒细小,吸附重金属后分离困难。通常采用以下方式来解决这些问题:①将纳米颗粒负载到多孔材料等介质上,将纳米颗粒表面包覆有机高分子或通过后接枝反应在表面修饰功能分子或功能基,或将纳米材料制成纳米纤维等方式解决纳米材料的稳定问题;②通过将纳米材料制成纳米材料薄膜和纳米纤维材料,或与磁性材料复合制成磁性复合纳米材料等解决吸附后的分离困难问题,以磁性复合纳米材料为主。如将纳米零价铁 NZVI 负载到沸石、介孔二氧化硅(MCM-41)、膨润土和有序介孔碳的表面等,取得了一定的效果。但存在以下问题:①沸石和膨润土的颗粒和孔道不均匀,导致负载后 NZVI 分布不均匀;②介孔碳与零价铁相容性欠佳,影响其稳定性和使用寿命;③MCM-41 孔道偏小,一般为 1.5~20 nm,

负载量小、负载难度大。因此,需探索和选择更适宜的多孔材料作为 NZVI 的载体。

综上所述,纳米材料由于具有高比表面积、表面能和丰富的表面活性基团,对重金属一般都有较高的吸附能力,但纳米吸附材料制备工艺较复杂,规模化制备难度较大,成本较高,尤其是其回收循环使用和对环境的安全风险是需要特别关注的。因此,研发制备工艺简单、高效、价廉、再生容易、使用寿命长且安全的纳米吸附材料是需要努力发展的方向。

2.2　吸附法处理重金属废水的影响因素

吸附剂对废水中重金属离子的吸附会受到诸多因素的影响,其中吸附剂性质(如比表面积、孔体积、表面活性基团数目和表面电荷等)及重金属离子的理化性质是两个较为重要的影响因素。此外,吸附过程中的外界环境条件(pH、温度、吸附时间、吸附剂投加量、重金属初始浓度和共存离子等)也会在一定程度上影响吸附剂对重金属离子的吸附行为。

2.2.1　吸附剂性质

吸附剂的性质是影响其吸附重金属的重要因素之一。吸附剂的制备方式和材料极大地影响着吸附剂的比表面积、孔隙结构、表面官能团和元素组成等性质,这些都与其对重金属的吸附能力息息相关。

不同来源制备材料和不同制备条件获得的吸附剂的理化性质迥然不同,化学组成也有所差异,吸附能力也不尽相同。这主要是因为原料的不同,影响了吸附剂的元素组成和吸附剂表面官能团的种类和含量。例如,在小麦秸秆、玉米秸秆和花生壳制成的生物炭对水溶液中 Cd^{2+} 和 Pb^{2+} 的吸附研究显示,玉米秸秆炭的最大吸附量远大于小麦秸秆炭和花生壳炭。

吸附剂的制备方式对吸附剂的结构、元素组成和表面官能团都有着极大的影响。例如,不同制备方式得到的生物炭对废水中重金属离子的吸附能力也不相同,如在 200 ℃、300 ℃、400 ℃和 500 ℃下制备的小麦秸秆生物炭对污水中铜离子的吸附性能的研究表明,随着炭化温度升高,秸秆的微孔变形程度加剧,表面粗糙程度增加,孔道效应更易发挥,增加了生物炭对铜离子的吸附量。

2.2.2 pH

很多文献资料证明,吸附实验中溶液 pH 是影响重金属吸附的一个重要因素。这是因为 pH 不仅会影响吸附剂表面官能团的质子化程度,同时还会影响溶液中重金属离子的化学性质和存在形式,表现为吸附剂的吸附效率随 pH 的不同显著变化。对于大多数吸附反应来说,一般都是随着溶液中 pH 的增大,吸附剂对重金属离子的吸附量增加,而当溶液 pH 接近中性时,吸附量呈现下降的趋势,这可能是因为溶液中的金属离子与溶液中的 OH⁻ 生成了氢氧化物微沉淀,阻碍了吸附剂对重金属离子的吸附作用。

pH 对重金属离子吸附的影响可以进一步解释为溶液中的 H^+、H_3O^+ 与重金属离子的相互竞争吸附作用,当溶液 pH 较低时,H^+、H_3O^+ 占据了吸附剂表面的吸附位点,随溶液 pH 的升高,H^+、H_3O^+ 占据吸附位点的能力减少,而带正电荷的重金属离子开始占据吸附剂表面的吸附位点,因此使得吸附剂对重金属离子的吸附能力增加。但是,溶液 pH 过高也会对重金属离子的吸附作用存在不利影响。在水中由于存在大量的阴离子,带正电荷的金属离子会被阴离子包围,形成带负电的原子基团,影响着重金属离子的吸附效果。当溶液中的 pH 超过重金属离子沉淀的极限时,大量的金属离子就会以氢氧化物沉淀的形式存在,从而使吸附过程无法进行。

2.2.3 温度

吸附过程通常会受到温度的影响,因此温度对吸附剂吸附行为也起着重要的作用。温度对重金属吸附量的影响有所不同,如果吸附是一个放热反应,则吸附剂对重金属的吸附能力一般随温度的下降而增大;如果吸附是一个吸热反应,则吸附剂对重金属的吸附能力可能随温度的升高而增大。例如,研究表明,污泥吸附剂对 Pb^{2+} 的去除率随温度的升高而增大,温度超过 30 ℃时,去除率提高不显著。温度的上升能使吸附物在吸附剂孔内更快地扩散,升温还可能使得一些活性点位附近的内在化学键断裂,从而增加吸附位点,温度升高加快吸附剂的吸附速率;同时,吸附过程还包括化学吸附的吸热反应,温度升高,吸附反应相应加快。

2.2.4 吸附时间

吸附时间是影响吸附剂对重金属吸附效果的一个重要因素。吸附剂对重金属的吸附过程可以看作是物理吸附和化学吸附相互作用的结果。物理吸附是由范德华力引起的，化学吸附是伴随着电荷移动相互作用或者是生成化学键的结果。物理吸附是一种快速的吸附过程，而化学吸附是吸附分子的分子轨道与吸附媒介表面电子轨道的相互作用，并伴随着热量和能量的变化，这个过程发生得比较缓慢，所以要经过一段时间才能达到吸附平衡。吸附时间过短达不到很好的吸附效果，但吸附时间过长则会引起那些因物理作用而被吸附的金属离子解吸再次进入溶液中，所以在吸附过程中要控制好吸附反应的时间。

2.2.5　吸附剂投加量

吸附剂投加量对吸附反应的影响主要表现在起吸附作用的吸附位点上。吸附剂投加量增加时，对重金属吸附作用的吸附位点增多，吸附效果就会明显，对重金属的去除率就会升高。而减少吸附剂投加量时，就不能提供足够的吸附位点，吸附饱和时溶液中还含有许多未被吸附的重金属离子。所以，在实际应用中应有足够的吸附剂投加量。此外，吸附剂投加量较大时，可能会发生颗粒团聚，吸附剂表面吸附位点的利用率会降低，考虑工艺成本，需要选择合适的吸附剂投加量。

2.2.6　重金属初始浓度

重金属初始浓度的不同使吸附剂吸附的效果也不同。研究发现，重金属初始浓度越高，吸附剂吸附能力越强。重金属浓度较低时，重金属只在吸附剂表面进行吸附；当重金属浓度增大时，重金属与吸附剂内部的结构进行吸附。例如，Zhang 等在 298 K 下研究了不同初始 U^{6+} 浓度对吸附的影响。生物炭吸附能力随初始 U^{6+} 浓度的增加而增加。这可能是因为较高的重金属浓度加强了克服水—生物炭两相之间传质阻力的驱动力，从而增大吸附质分子和吸附剂表面的碰撞概率，吸附质更容易与吸附位点结合。此外，一定条件下考察不同浓度下吸附剂对重金属离子的吸附行为，通过吸附等温线模型可以研究吸附平衡，揭示吸附机制和最大吸附能力。

2.2.7　共存离子

废水中一般多种金属离子共存，离子之间存在一定相互作用进而对吸附效率产生一定影响，碱金属或碱土金属离子对重金属离子吸附过程的影响较小,而不同重金属离子之间存在竞争吸附。此外,实际废水中除了重金属离子还会共存多种阴离子、有机物等物质,这些共存物质对重金属离子吸附也有一定影响。由于发表的研究成果大多基于实验室模拟废水,各种吸附剂应用于实际废水的处理还有一定差距。

2.3　重金属废水处理的吸附等温线

重金属离子与吸附剂充分接触后,溶液体相中离子浓度与固液界面浓度达到动态平衡。在特定温度和 pH 条件下,吸附平衡状态下溶液中离子浓度与被吸附离子量直接的数学关系称为吸附平衡等温线。吸附等温线描述吸附过程中重金属离子怎么与吸附剂发生作用,对优化吸附途径、表征吸附剂的表面性质和吸附能力及设计吸附工艺提供关键信息,并且能够预测吸附参数和定量比较不同条件下吸附剂的吸附行为。为了研究吸附平衡过程,研究者们提出了许多吸附等温线模型,包括 Langmuir 模型、Freundlich 模型、Dubinin-Radushkevich 模型、Temkin 模型、Flory-Huggins 模型、Hill 模型、Sips 模型和 Toth 模型等,如表 2-1 所示,其中 Langmuir 模型、Freundlich 模型、Dubinin-Radushkevich 模型和 Sips 模型是比较常用的等温吸附模型。

Langmuir 模型最初用于描述活性炭的气固相吸附,该模型基于一系列理想假设,即吸附剂表面均匀、单分子层吸附、动态吸附平衡、被吸附分子之间没有相互作用等。Langmuir 模型能够较好地描述均匀吸附过程,并且能够计算出最大单分子层吸附量。此外,Langmuir 模型量纲为 1 的参数 R_L 可以描述吸附特性:$0 < R_L < 1$ 时,容易吸附;$R_L > 1$ 时,不易吸附;$R_L = 1$ 时,线性吸附;$R_L = 0$ 时,不可逆吸附。

Freundlich 模型是最早提出的用于描述非理想、可逆吸附的数学模型,该经验模型假设吸附剂表面可以发生多分子层吸附,并且表面吸附位点不均一,吸附质优先吸附到最强的吸附位点。Freundlich 模型不能计算最大吸附量,模型参数 n 介于 2~10 时表明吸附过程属于优惠吸附,$n < 0.5$ 时表明难以吸附。Dubinin-Radushkevich 模型也是经验模型,特征模型参数 E 揭示吸附的本质,8 kJ/mol $< E <$ 16 kJ/mol 时属于化学吸附,$E <$ 8 kJ/mol 时属于物理吸附。Sips 模型是三参数等温吸附模型,它结合了 Langmuir 和 Freundlich 方程,用于描述非均一吸附过程,能够较好地描述吸附量随重金属离子增大而增大的情况,模型参数与 pH、温度和离子浓度等实验条件有关。

表 2-1 吸附等温线模型

等温线模型	非线性方程	线性方程	线性拟合	特征参数
Langmuir	$Q_e = \dfrac{Q_m b C_e}{1 + b C_e}$	$\dfrac{C_e}{Q_e} = \dfrac{1}{b Q_e} + \dfrac{C_e}{Q_m}$	C_e/Q_e 对 C_e	Q_m, b, R_L
Freundlich	$Q_e = K_F C_e^{\frac{1}{n}}$	$\lg Q_e = \lg K_F + \dfrac{1}{n} \lg C_e$	$\lg Q_e$ 对 $\lg C_e$	n, K_F
Dubinin-Radushkevich	$Q_e = Q_m \exp(-\beta \varepsilon^2)$ $E = \dfrac{1}{\sqrt{2\beta}}$	$\ln Q_e = \ln Q_m - \beta \varepsilon^2$	$\ln Q_e$ 对 ε^2	B, ε, E
Temkin	$Q_e = \dfrac{RT}{b} \ln A C_e$	$Q_e = \dfrac{RT}{b} \ln A + \dfrac{RT}{b} \ln C_e$	Q_e 对 $\ln C_e$	b, A
Flory-Huggins	$\dfrac{\theta}{C_0} = K(1-\theta)^n$	$\lg\left(\dfrac{\theta}{C_0}\right) = \lg K + n \lg(1-\theta)$	$\lg\left(\dfrac{\theta}{C_0}\right)$ 对 $\lg(1-\theta)$	θ, K
Hill	$Q_e = \dfrac{Q_m C_e^n}{K + C_e^n}$	$\lg\left(\dfrac{Q_e}{Q_m - Q_e}\right) = n \lg C_e - \lg K$	$\lg\left(\dfrac{Q_e}{Q_m - Q_e}\right)$ 对 $\lg C_e$	K, n
Sips	$Q_e = \dfrac{K C_e^\beta}{1 + \alpha C_e^\beta}$	$\ln\left(\dfrac{K}{Q_e}\right) = \ln\alpha - \beta \ln C_e$	$\ln\left(\dfrac{K}{Q_e}\right)$ 对 $\ln C_e$	K, α, β
Toth	$Q_e = \dfrac{K C_e}{(\alpha + C_e)^{\frac{1}{n}}}$	$\ln\left(\dfrac{Q_e}{K}\right) = \ln C_e - \dfrac{1}{n}\ln(\alpha + C_e)$	$\ln\left(\dfrac{Q_e}{K}\right)$ 对 $\ln C_e$	K, a, n

2.4　重金属废水处理的吸附热力学

　　温度是重金属离子吸附的重要参数,直接影响重金属离子的动能,进而影响离子的扩散过程。温度变化会改变吸附过程的热力学参数,例如吉布斯自由能、焓变和熵变。热力学参数吉布斯自由能、焓变和熵变之间的数学关系如式(2-1)所示,吉布斯自由能可以通过式(2-2)计算得到,式(2-2)中 K_D 可以是平衡吸附量与平衡离子浓度的比值、平衡状态被吸附的离子浓度与溶液残余离子浓度的比值,或者 Langmuir 参数 b 的值。合并式(2-1)和式(2-2)得到热力学线性关系式即式(2-3),对实验数据线性拟合可以计算出焓变和熵变的值。

$$\Delta G = \Delta H - T\Delta S \tag{2-1}$$

$$\Delta G = -RT\ln K_D \tag{2-2}$$

$$\ln K_D = \frac{\Delta S}{R} - \frac{\Delta H}{RT} \tag{2-3}$$

　　吉布斯自由能可以判断吸附过程的可能性和可行性,吉布斯自由能为负值时表明吸附过程是自发的,并且吉布斯自由能的绝对值增加,表明吸附良好的可行性。焓变意味着吸附过程的能量变化,焓变为正表示吸热过程,焓变为负表示放热过程。熵变揭示重金属离子与吸附剂结合界面的无序度变化,熵变为正表示界面无序度增加,熵变为负表明界面无序度减小。重金属离子与吸附剂通过分子间作用力结合到一起的过程称为物理吸附;化学吸附过程金属离子会与吸附剂表面形成化学键,发生电子转移或共享。吸附热为 5~40 kJ/mol 时物理吸附起主要作用,吸附热为 40~125 kJ/mol 时化学吸附起主导作用。

2.5　重金属废水处理的吸附动力学

　　吸附是吸附质从体相中转移并结合到吸附材料表面的现象。重金属离子在多孔材料表面吸附过程可以分为三个阶段:①外扩散(质量传递),离子从溶液体相转移到吸附剂周围;②粒子内扩散,重金属离子穿过吸附表面水化膜到达吸附表面或者进入吸附剂孔隙结构中;③表面反应,重金属离子通过物理或化学作用结合到吸附剂表面。吸附速率取决于三个阶段的阻力之和,减少任何一个步骤的阻力都可以增加吸附速率。第三阶段的表面反应速率一般远高于前两个阶段,阻力最大的步骤称为速率控制步骤,并且速率控制步骤在吸附过程中可能发生改变。吸附动力学能够揭示吸附机制和速率控制步骤,并提供优化吸附工艺的关键信息。研究者们开发了多种动力学模型,包括准一级动力学模型、准二级动力学模型、内扩散动力学模型、液膜扩散动力学模型、Elovich 动力学模型等,如表 2-2 所示。平衡吸附量的实验值与动力学计算值的差异性及动力学方程拟合的相关系数是评价动力学模型的关键参数,相关系数大于 0.98 表明拟合程度良好。

表 2-2　吸附动力学模型

动力学模型	线性方程	线性拟合	特征参数
准一级	$\ln(Q_e - Q_t) = \ln Q_e - k_1 t$	$\ln(Q_e - Q_t)$ 对 t	Q_e, k_1
准二级	$\dfrac{t}{Q_t} = \dfrac{1}{k_2 Q_e^2} + \dfrac{t}{Q_e}$	t/Q_e 对 t	Q_e, k_2
内扩散	$Q_t = k\sqrt{t} + C$	Q_t 对 $t^{0.5}$	k
液膜扩散	$\ln\left(1 - \dfrac{Q_t}{Q_e}\right) = B - kt$	$\ln\left(1 - \dfrac{Q_t}{Q_e}\right)$ 对 t	k
Elovich	$Q_t = \dfrac{\ln t}{\beta} + \dfrac{\ln(\alpha\beta)}{\beta}$	Q_t 对 $\ln t$	α, β

准一级动力学模型、准二级动力学模型和内扩散动力学模型是最常用的重金属离子吸附动力学模型。准一级动力学模型认为,重金属离子吸附过程受扩散步骤控制,该模型线性拟合需要先获得平衡吸附量,因而应用过程有一定限制,常用于初始阶段的动力学描述。准二级动力学方程假设吸附速率受化学吸附机制控制,重金属离子与吸附剂表面存在电子转移或共用。内扩散模型假设液膜扩散阻力可以忽略、扩散方向是随机的、内扩散系数是常数,实验数据的线性拟合得到一条通过原点的直线,表明内扩散为控制步骤。

2.6　重金属废水处理的吸附机制

吸附剂吸附不同的重金属离子,其吸附机制也大不相同。通过大量研究,已经有 6 种吸附机制被提出,分别是:①物理吸附;②静电作用;③离子交换;④表面络合;⑤化学沉淀;⑥氧化还原。

2.6.1　物理吸附

有研究认为,物理吸附在吸附剂去除废水中重金属离子时起着重要的作用,以生物炭为例来说明此机制。生物炭的物理结构与活性炭类似,都是由许多无序的小单元构成的。从而,生物炭具有较大的比表面积,这些无序的结构具有较高表面能,能很好地吸附废水中的金属离子,因此能够较好地去除废水中的重金属。Inyang 和 Gao 等用甘蔗渣派生炭吸附 Pb^{2+} 时发现,生物炭吸附重金属离子的作用机制除了沉淀反应还有物理吸附的作用;Kołodyńska 等用猪粪生物炭吸附 Cu^{2+} 和 Pb^{2+} 时发现,生物炭对重金属离子的吸附是一个复杂的离子内扩散的物理吸附过程;吴成等研究玉米秸秆生物炭对 Hg^{2+}、As^{3+}、Pb^{2+} 和 Cd^{2+} 的吸附表明其吸附过程是可逆的,生物炭对重金属离子的吸附为亲合力极弱的非静电物理吸附;Dinesh 等研究木材和树皮生物炭去除 Pb^{2+}、Cd^{2+} 和 As^{3+},Cao 等研究牛粪生物炭去除 Pb^{2+} 时,也发现物理吸附对生物炭吸附重金属离子有一定的作用。

2.6.2　静电作用

表面带电的吸附剂和金属离子之间的静电相互作用是重金属固定化的一种机制。在吸附剂—重金属吸附过程中,静电相互作用主要取决于溶液 pH 和吸附剂的零电荷点(PZC)。例如,WANG 等在 600 ℃ 条件下制备松木生物炭($pH_{pzc} > 7$)吸附水中的五价砷。在溶液 pH 为 7 时,五价砷主要是以 $HAsO_4^{2-}$ 形式存在。因溶液 $pH < pH_{pzc}$ 值,生物炭的部分官能团被质子化,使其表面带正电,通过静电相互作用吸引砷负氧离子,从而降低溶液中五价砷的含量。PAN 等发现在溶液 pH 为 2.5~5.0 时,秸秆生物炭表面带有负电荷,而 Cr^{3+} 主要为正电荷[Cr^{3+},$CrOH^{2+}$ 和 $Cr(OH)_2^+$]。随着溶液 pH 的增加,生物炭表面负电荷增加,对 Cr^{3+} 显示出较高的静电吸附能力。

2.6.3　离子交换

重金属离子在吸附剂表面的离子交换被认为是吸附剂对重金属离子吸附的另一重要方式。离子交换的本质是吸附剂表面带负电荷基团与溶液中正电荷的金属离子的静电作用,属于非专性吸附,吸附能较低。金属离子与表面酸性官能团交换的反应通式可表达为

$$2Surf - OH + M^{2+} \longrightarrow (Surf - O)_2M + 2H^+ \quad (M 为重金属) \quad (2-4)$$

碱基金属或碱土金属与表面盐基离子交换的反应通式可表达为

$$2Surf - ONa + M^{2+} \longrightarrow (Surf - O)_2M + 2Na^+ \quad (M 为重金属) \quad (2-5)$$

例如,亚麻纤维束生物炭对重金属离子的吸附机制主要是在生物炭表面发生离子交换作用,在重金属离子被吸附的过程中,水中的质子数有所增加。Dinesh 等用木材或树皮快速热解制得的生物炭吸附 Pb^{2+}、Cd^{2+} 和 As^{3+},实验表明,生物炭对金属离子的吸附主要是离子交换作用。Liu 和 Zhang 研究发现,松木生物炭和稻壳生物炭含有大量的含氧官能团,这些官能团对于吸附去除 Pb^{2+} 起着至关重要的作用。在适宜的 pH 下,官能团上失去质子与金属阳离子发生作用使吸附量增大。

2.6.4　表面络合

通过吸附剂表面及内部羟基、羧基等官能团可以实现吸附剂的表面络合作用。例如,生物炭对重金属的吸附机制主要是金属与离子化的含氧官能团(—COOH 和—O)或 $C = C(\pi 电子)$结合引发的络合反应。Xue 等研究发现,400 ℃条件下制得的三种农业秸秆炭(花生秸秆炭、大豆秸秆炭与油菜秸秆炭)对 Cu(Ⅱ)的去除主要依靠炭表面的—COOH 和酚羟基官能团与 Cu(Ⅱ)之间的表面络合作用。徐楠楠等认为玉米秸秆生物炭对 Cd^{2+} 的化学吸附机制主要为表面羟基和羧基与 Cd^{2+} 发生络合化学反应。

2.6.5　化学沉淀

Xu 等研究发现,由于矿质元素中丰富的 PO_4^{3-}、CO_3^{2-} 可以和重金属发生沉淀作用形成稳定的矿物质,因此吸附剂中矿质元素能够有效增加吸附剂的吸附活性位点,进而提高其吸附能力。Lu 等在研究污泥生物质炭(SDBC)对 Pb^{2+} 的吸附机制时发现,在 pH = 5 的条件下,通过表征发现吸附 Pb^{2+} 后的 SD-BC 表面生成了一种 $5PbO \cdot Pb_2O_5 \cdot SiO_2$ 的沉淀。Cao 等比较了动物粪肥在 200 ℃和 350 ℃下烧制的生物炭与商品活性炭对 Pb^{2+} 的吸附效果,认为牛粪制成的生物炭对铅具有很强的吸附能力,主要是因为 Pb^{2+} 和生物炭中的磷酸根和碳酸根发生沉淀作用,84% ~ 87% 的 Pb^{2+} 通过与生物炭中富含的磷酸盐和碳酸盐发生沉淀作用而被吸附,仅 13% ~ 16% 的 Pb^{2+} 通过表面配合吸附作用被吸附。

2.6.6　氧化还原

氧化还原吸附主要发生在具有可变化合价的重金属中,如 Cr(Ⅵ)。夏畅斌等在研究黑泥碳对 Cr(Ⅵ)的去除时提出,吸附在黑泥碳上的 Cr(Ⅵ),一部分固定在黑泥碳中,另一部分则被吸附剂表面的芳烃结构还原成 Cr(Ⅲ)。

一般来说,重金属离子吸附过程可能有多种机制同时作用,目前很难在分子水平准确揭示其吸附机制。通过红外光谱、拉曼光谱、X 射线衍射分析、扫描电镜、透射电镜、等离子体电感耦合光谱和 X 射线光电子能谱等技术检测吸附剂表面成分或重金属溶液中元素含量变化,能够验证吸附过程可能发生的吸附机制。

第 3 章 杂原子掺杂碳简介及在重金属废水处理中的应用

3.1 杂原子掺杂碳简介

碳是自然界中蕴藏量非常丰富的一种元素,而碳质材料也是人们日常生活中不可或缺的重要物质。众所周知,碳元素的原子核内质子数为 6,它具有多样的轨道杂化方式(sp、sp^2 及 sp^3 杂化),因此当碳元素以不同的杂化轨道成键时,可以形成各种性质不同的碳质材料。自从 20 世纪 80 年代富勒烯被成功制备以来,碳材料受到国内外研究者越来越多的关注。尤其在过去的十几年间,石墨烯的发现进一步推动了碳材料在全球范围内的研究热潮。目前,随着时代的发展和科学技术的进步,人们发现碳质材料的开发蕴藏着无限的可能性,越来越多的新型碳质材料及其优良性能被发现。

在各类碳质材料中,多孔碳材料具有高度发达的孔隙结构、大的比表面积、良好的热稳定性和化学稳定性及优异的导电性,并且制备多孔碳材料的原材料来源广泛、价格低廉,有利于进行大规模的生产,因此被广泛应用于能源存储与转化、催化、医药和大分子吸附等诸多领域。按照孔径的大小不同,多孔材料被分为三类:微孔碳材料($<2\ nm$)、介孔碳材料(介于 $2\sim50\ nm$)和大孔碳材料($>50\ nm$)。多孔碳材料孔隙结构的大小在实际应用中对其性能有着较大的影响。因此,根据多孔碳材料的实际用途,制备不同孔径大小的碳材料已经成为多孔碳材料的研究热点。一般来说,多孔碳材料的孔径大小可以通过选择不同的合成方法和前驱体来精准调控。

多孔碳材料的性质不仅与微观孔隙结构密切相关,杂原子掺杂对其性能也有着极大的影响。杂原子掺杂涉及通过其他杂原子取代碳骨架中的一些碳原子,包括但不限于氮、磷、硼、氧、氟、氯、硫、溴和碘等。经过杂原子表面改性的多孔碳材料,一方面,可以引入许多缺陷,改变多孔碳材料的电子云分布,形成一些新的活性位点,使原本惰性的碳材料具有催化活性;另一方面,可以改变碳材料的润湿性和极性,使其电化学性能进一步提高。杂原子的引入同时会降低碳材料的功函数,提高其抗氧化性能。可以说,杂原子掺杂极大地改变了多孔碳材料的物理化学性能,也极大拓展了多孔碳材料的应用领域。

目前,杂原子掺杂主要包括在形成孔状碳材料的同时进行原位掺杂和后处理掺杂两种方法。其中,原位掺杂是指将预先制备的含杂原子的碳前驱体材料进行高温碳化,一步得到杂原子掺杂的多孔碳材料,原位掺杂的方法有助于将杂原子均匀地结合到整个纳米多孔碳体系中。后处理掺杂主要是对多孔碳材料通过浸渍或氧化的方法进行后处理,从而使多孔碳材料表面接上含有杂原子的官能团或者将多孔碳材料置于含有杂原子的气体中,如氨气等,在高温条件下反应,从而得到杂原子掺杂多孔碳材料。后处理掺杂的方法通常只是将多孔碳材料表面功能化而不改变其整体性质。自从发现杂原子掺杂可以改善碳材料的物理化学性质起,各国的科研工作者随后在全球范围内开展了大量的研究活动,极大地促进了新型材料领域的蓬勃发展,也拓宽了杂原子掺杂碳的应用范围。

3.2　杂原子掺杂碳的制备方法

不同杂原子掺杂碳的制备方法有着一定的差异,下面按照氮掺杂碳材料、硫掺杂碳材料、硼掺杂碳材料、其他元素掺杂碳材料和多原子掺杂碳材料分别进行详细的介绍。

3.2.1　氮掺杂碳材料

氮(N)是元素周期表中碳的相邻元素之一,原子半径(0.070 nm)和碳原子半径(0.077 nm)相近,电负性(3.04)大于碳(2.55),使得通过原子替代式的掺杂将氮原子纳入碳骨架中相比其他原子更容易些。氮掺杂到多孔碳骨架中可以改变它们的电子结构,同时使晶格失配最小化,从而产生独特的电子特性。N原子在碳原子晶格中掺杂主要以吡啶型、吡咯型、石墨型和氧化吡啶型等几种形式存在。其中,吡啶型和吡咯型的氮是氮原子替代了石墨烯边缘的碳原子,这两种形式的氮分别为石墨烯的 π 电子体系贡献了2个和1个电子,其中吡咯型氮的电子为 sp^3 杂化,吡啶型氮的电子为 sp^2 杂化。石墨型氮则是氮原子替代了石墨烯面内六元环中的碳原子。此外,材料中 N 原子的化学状态往往与制备方法密切相关。一般而言,制备过程中的碳化温度会影响材料的物理结构和氮含量,从而可调节多孔碳材料中各种类型氮的含量。氮原子掺杂到纳米多孔碳材料骨架中可以显著提升其场发射、导电性、催化和能源存储等性能,同时能提高碳材料的抗氧化性能,因此氮掺杂多孔碳材料的研究是碳纳米材料研究领域的一个热点,备受各国科研工作者的广泛关注。

　　氮掺杂的方法有很多,概括性地可归纳为两类:前掺杂法和后掺杂法。前掺杂法主要是在制备碳材料的前期过程中,引入含 N 原子的前驱体,经聚合碳化后,N 原子镶入碳材料的骨架中或外表面。前掺杂法又可以进一步分为模板法和无模板法,若对碳材料的形貌结构无过高要求,无模板法则是一种操作简单的制备方法。四川大学 Xiao 等以 SBA-15 为模板剂、以天然的蜂蜜为氮源和碳源,通过纳米铸造的方法制备了氮掺杂有序介孔碳材料。研究发现,这种碳材料的比表面积随着碳化温度的改变而改变,比表面积的范围为600~1 000 m²/g。进一步分析还发现,得到的氮掺杂碳材料的孔径仅有 4nm,比 SBA-15 模板的孔径的一半还要小,但与模板的孔径壁的厚度相同。Kwon 等在介孔硅薄膜中通过电化学沉积法掺杂了吡咯,再经过 600 ℃ 高温碳化、HF 去除介孔硅模板,最后得到了氮掺杂的碳薄膜材料(MCTFs),该材料含有较高的吡啶型掺杂的氮,且表现出了较优异的电化学性能。一般来说,模板法制备氮掺杂碳材料的步骤为:①选择适宜的模板剂;②将前驱体引入到模板的孔道中;③前驱体在模板中聚合后高温碳化;④刻蚀掉模板剂。模板法还可进一步分为硬模板法和软模板法,其中硬模板法是使用具有固定结构的多孔材料为模板剂,将前驱体浸渍在限制空间内组装、碳化成型的制备方法。Vinu 等用介孔氧化硅作模板、苯胺为碳源,制备了有一定石墨化结构的氮掺杂碳材料,以过硫酸作为诱发剂,使苯胺在硅材料孔中聚合,再碳化、去除模板,得到了具有体心结构的氮掺杂介孔碳材料,该材料有较大的孔体积并且孔尺寸均匀分布,氮与碳的原子比为 0.076。软模板法是采用有机超分子作为模板剂,与碳源作用(软模板自身可在加热过程中分解除去),来制备不同物化性质的氮掺杂碳材料的方法。与硬模板法相比,软模板法不需要去除模板,操作过程更加简单。KRÜNER 等以六甲基四氢化萘为软模板、酚醛清漆为前驱体,先采用水热法制备得到含氮的碳前体,再经高温碳化,制备得到了氮掺杂多孔碳材料。所制备的碳材料具有比较高的比表面积(2 358 m²/g),氮含量高达 9.5%。实验得出,所得材料的氮含量随着碳化温度的增加而降低,碳骨架中石墨型氮的相对量增加,而吡啶型和吡咯型氮的相对量减少。

　　后掺杂法主要是指将碳材料在高温的条件下与含有氮原子的物质反应,使材料表面的碳原子被刻蚀或与碳材料中的一些基团反应,以达到修饰碳材料表面的目的,含有氮原子的官能团可以通过很多种方式与碳材料表面的碳原子形成共价键,"嫁接"在碳材料的表面。Li 等以氧化石墨烯(GO)、甲醛和三聚氰胺为原材料,在 180 ℃、12 h 的条件下通过水热法制备了氮掺杂三维石墨烯,在高温高压的条件下 GO 被还原的同时,氮元素掺杂到碳骨架中,通过改变三聚氰胺和 GO 的比例,产物的氮含量可以在 3. 12% ~ 9. 69% 变化,XPS 测试显示氮主要以石墨型氮、吡啶型氮和吡咯型氮 3 种形式存在,可用于燃料电池中的氧化还原反应(Oxygen Reduction Reaction,简称 ORR)的催化剂,相比于商业化的 Pt/C 电极,得到的 3 维氮掺杂石墨烯展现出对甲醇更好的耐受性及良好的电催化性能。Li 等通过将多孔炭浸渍 FeCl₃、在吡咯存在的条件下聚合和 850 ℃ 下碳化的几步法制备了氮掺杂多孔纳米碳材料(RHC-mag-CN),其中碳与氮形成了 CN 结构,该材料的比表面积达到了 1 136 m²/g,对 Cr(Ⅵ) 的最佳吸附 pH 为 3. 0,10 min 达到了 92% 的 Cr(Ⅵ) 去除率,XPS 结果显示氮掺杂为 Cr(Ⅵ) 的吸附提供了活性位点。

氮掺杂多孔碳材料在催化、吸附、能源转换和存储等领域得到了广泛的研究和应用,但仍存在一些问题需要在未来的研究中进行解决。首先,有待开发方法简便、氮含量高的氮掺杂碳材料的合成方法;其次,不同类型的氮在氮掺杂碳材料中的具体作用机制还需要进一步阐明;最后,如何精确调控不同类型氮原子的比例和氮原子的含量仍存在很大的挑战。

3.2.2　硫掺杂碳材料

3.2.2.1　硫掺杂碳材料的物化性质

由于 S 原子的电负性和原子半径与 C 原子之间存在着差异,当 S 进入碳材料的表面和基体后,会改变碳材料表面的电荷分布,从而影响碳材料的表面性质,使得碳材料新增加一些性质,如亲水性、亲电性及极性等。硫在碳材料中的化学存在形式多半以噻吩硫(C—S—C)和氧化硫(C—SO₂—C)为主。而且,材料中 S 原子的化学状态通常与制备硫掺杂碳材料的方法密切相关。一般来说,制备过程中的碳化温度会影响硫掺杂碳材料的物理结构和硫含量,从而可调节硫掺杂碳材料中噻吩硫和氧化硫的含量。由于含有硫元素的化合物结构丰富,近年来,硫掺杂多孔碳材料引起了科研工作者的极大兴趣。

3.2.2.2　硫掺杂碳材料的制备

硫掺杂碳材料的制备方法大致可以分为两类:一类是原位掺杂,即以含硫的生物质、高分子化合物或有机离子液体为前驱体,高温碳化后制备得到原位硫掺杂的碳材料。该过程伴随着很多复杂的化学反应,直接影响着材料的物化性质,因此可通过改变前驱体的种类和碳化条件(如碳化温度和时间、活化剂含量)来调控材料的性质。Huang 等采用一种潜在的废弃物聚苯硫醚(PPS)为碳源、氢氧化钾为化学活化剂,通过一步法制备了原位硫掺杂的多孔活性碳材料,该材料的比表面积高达 2 777 m^2/g,且不同温度下的平均孔直径均小于 5 nm。Schmidt 等采用噻吩基聚合物作为前驱体,通过直接高温碳化的方法得到了硫掺杂的微孔碳材料,通过改变不同的碳化温度,硫掺杂的含量可以达到 5%~23%,比表面积高达 1 060 m^2/g。TIAN 等以木质素磺酸钠为含硫前驱体,采用活化法混合后高温碳化,制备得到了三维互相联通的硫掺杂多孔碳材料。所得碳材料中硫含量为 5.2%,比表面积为 1 592 m^2/g,硫的化学形式主要以噻吩硫(12%~90.9%)和氧化硫(9.1%~88%)的形式存在。研究还发现,随着活化剂含量的增加,所得材料的比表面积增大,表面硫含量减小,体相硫含量增加,碳骨架中噻吩硫的相对量增加,而氧化硫的相对量减小。

硫掺杂碳材料制备的另一类方法是将碳源经过磺化或者将碳进行后处理加入硫源,高温碳化后制备得到硫掺杂碳材料。Cui 等以 1,3,5-三氯三嗪和三聚氰胺为碳源和氮源,三硫代氰尿酸为硫源,采用水热法制备得到了硫掺杂的 g-C_3N_4 材料。Chen 等选择 Na_2S 作为硫源和还原剂,在低温条件下同时实现了氧化石墨烯的还原和硫元素的掺杂。Yang 等利用氧化石墨烯对十六烷基三甲基溴化铵(CTAB)的吸附及正硅酸乙酯(TEOS)的水解制备了氧化石墨烯—多孔二氧化硅片层,随后在 NH_3 或 H_2S 气氛下热解,分别制备了氮掺杂石墨烯和硫掺杂石墨烯。结果证明,硫元素主要以噻吩硫和氧化硫形式掺杂在石墨烯的边缘处。Cui 等首次以含碳和硫的离子液体为前驱体,以低共熔盐混合物 KCl-$ZnCl_2$ 为模板,混合后高温碳化,制备得到了硫掺杂的多孔碳材料,所得材料硫含量为 5.16%,主要以噻吩硫和氧化硫的形式存在。而且碳骨架中噻吩硫的相对量随着碳化温度的增加而增加,氧化硫的相对量则相应减小。以各自独立的碳源和硫源,采用前掺杂法或后掺杂法来制备硫掺杂多孔碳材料则是另一种常用的制备方法。

3.2.3　硼掺杂碳材料

硼(B)作为第三主族唯一的非金属元素,含有 3 个价电子,几十年来一直被探索作为金刚石或碳材料的替代品,以促进抗氧化性、锂离子插入和电化学行为的性质。硼原子和碳原子只相差一个电子,原子半径也与碳原子接近,硼掺杂后碳材料的结构基本不发生改变,是掺杂碳材料的理想原子。相对于氮掺杂碳材料,硼掺杂多孔碳材料的研究相对较少。硼掺杂多孔碳材料的制备一般可以分成两类,即原位合成方法和后处理方法。

原位硼掺杂合成方法通常是以含硼的化合物为前驱体,使用预制好的模板剂与碳源和硼源相互作用,接着经过晶化或者其他处理使含硼化合物转变为所需要的产物,在碳材料的合成过程中直接将硼元素引入材料中的过程。南京大学 Ding 等采用果糖为碳源,硼酸作为掺杂剂、催化剂和造孔剂,经过一步溶胶凝胶法合成了硼掺杂碳材料前驱体,再进一步高温碳化得到了硼掺杂介孔碳材料。研究发现,少量的硼掺杂既能够提高碳材料的石墨化程度,还能丰富碳材料的孔结构、增加比表面积。通过 XPS 表征发现,硼在碳材料中主要以 B—C 和 B—O 键的形式存在。Zhu 等以四氯甲烷为碳源,三溴化硼为硼源,在 210 ℃钾的催化作用下,采用水热合成法合成了硼掺杂石墨烯,其中,硼原子百分含量为 0.51%。他们在讨论硼掺杂石墨烯的形成机制过程中发现,反应过程中产生的氯气会使高压反应釜中的压力增大,从而有利于硼掺杂石墨烯的形成。湘潭大学 Wang 等采用糠醇为碳源,硼酸为硼源,二氧化硅(K1T-6)为模板,通过纳米铸造的方法制备了不同硼含量的硼掺杂介孔碳材料,并将其应用于超级电容器。发现相对于未掺杂硼的碳材料,硼掺杂有序介孔碳材料具有更高的比电容、更小的电阻和超高的循环稳定性能(循环10 000 圈以后仍能够保持 92%的容量)。Gebhardt 等以三乙硼烷为硼源,通过化学气相沉积法(CVD 法)合成了硼掺杂石墨烯。研究发现,硼元素的掺入会使石墨烯的价带向低结合能方向移动,并且高硼掺杂量会使石墨烯的 π 带更加分散。

后处理硼掺杂方法是使用特定的化学方法将硼原子引入事先制备好的碳材料中。Khai 等以硼酸为硼源,利用热退火后处理的方法制得硼掺杂石墨烯,硼原子百分含量为 1.7%,经 XPS 表征发现,在该碳材料中硼以 B_4C、BC_3、BC_2O、BCO_2 和 B_2O_3 多种形式存在。Sheng 等以氧化硼为硼源,在 1 200 ℃条件下同样利用热退火后处理的方法制得硼掺杂石墨烯,硼掺杂石墨烯中硼原子百分含量为 3.2%。Borowiak 等以 B_2O_3 为硼源制得了高掺杂量的碳纳米管,硼的平均原子百分含量达到 15%,局部高达 20%。Han 等通过硼氧化物蒸气与碳纳米管进行取代反应得到硼掺杂碳纳米管,研究发现,硼可以显著增强碳纳米管的石墨化程度。

3.2.4　其他元素掺杂碳材料

除了氮、硫和硼元素掺杂,其他杂原子如磷、氟、碘、溴和硒等,也常被用作掺杂源来制备掺杂碳材料。

磷(P)与氮原子属于同一主族,因此具有与氮原子相同的价电子数,在生物体和自然界中都广泛存在。磷原子具有比氮原子更大的原子半径和更高的电子释放能力,更有利于对碳材料的改性。例如,Li 等以自制的黑磷纳米片为磷源、聚丙烯腈为碳源,采用静电纺丝工艺得到了含磷的电纺纳米纤维前驱体,再将该前驱体高温碳化,制备得到了磷含量为 1.5% 的碳纤维材料。Yu 等采用苯酚和三苯基磷分别作为碳源和磷源、SBA-15 为模板,通过纳米铸造的方法制备了不同长度的磷掺杂有序介孔碳材料。所得到的磷掺杂介孔碳材料具有较高的比表面积和较大的孔体积,孔径为 3.4 nm。将该材料应用到氧化还原反应中,发现其电催化活性优异,循环稳定性好,而且在碱性介质中对乙醇的交叉效应具有明显的抵抗作用。此外,由于磷原子具有较好的给电子能力,导致磷掺杂碳骨架中缺陷的生成及电子离域化程度的提高,从而赋予该材料较好的电催化活性。Shao 等使用葡萄糖、硝酸锰和亚磷酸钠为原料,直接热解得到磷掺杂的三维分级多孔碳材料,其中亚磷酸钠的含量不仅能影响碳化过程中形成的孔结构,而且还能影响磷的掺杂浓度。这种分级多孔结构(同时包括微孔、介孔和大孔)不仅能够暴露更多的活性位点,而且有利于离子的吸附和快速传输,从而提升材料的电容性能。

　　与氮和硼相比,氟原子(4.0)和碳原子(2.5)的电负性相差很多,在氟掺杂碳材料中根据具体氟化方法不同,存在的 C—F 键型可以分为 3 种:离子型、共价型及半离子型。C—F 键的存在导致氟掺杂碳材料表现出较为独特的性质。而且,由于碳原子和氟原子间巨大的电负性差异,导致 C—F 键显示较高的极性,氟掺杂碳材料展现出对生物信号的良好响应特征,可以在各种生物应用场景中发挥作用。而高掺杂量的氟掺杂石墨烯材料具备能量密度高的特点,可以用作高能锂电池的负极材料。Kim 等以 Nafion 作为氟源,超导电炭黑为碳源,混合后高温碳化,制备得到了氟含量为 32.3% 的碳材料。Wang 等用 GO 为原料,以 HF 为氟化剂,在 180 ℃ 下水热反应 30 h 得到了氟掺杂石墨烯,得到的氟掺杂石墨烯的厚度大多为 1~2 层,而且氟的含量可以通过调整温度、时间和 HF 浓度来调控,掺杂量的改变则会进一步影响其带隙在 1.82~2.99 eV 变化。Poh 等通过微波等离子体的方法在含有 SF_4 和 SF_6 等气体的环境中制备得到了氟掺杂石墨烯,其基本原理是在等离子体气氛中产生的氟自由基能够吸附到石墨烯表面,通过与碳原子的作用形成不同的 C—F 键,材料的氟碳比可以通过控制氟化温度和氟化试剂种类来进行调整,氟含量最高可以达到 4.25%。

3.2.5　多原子掺杂碳材料

　　国内外的科研工作者已经分别从理论和实验的角度证明了掺杂氮、硫、硼、磷、氟、氧、氯或溴的单个杂原子的碳纳米材料对许多反应具有促进作用的,但是通过与其他杂原子共掺杂可以进一步提高它们的各方面性能。例如,氮和硫,氮和硼,氮和磷,氧、氮和磷,以及氧、氮和硫等元素共掺杂,由于不同掺杂剂之间的电子相互作用产生的协同效应,从而提高了它们的性能。研究者们通常在合成单掺杂碳材料过程中同时加入另一种原材料作为前体来实现共掺杂,或者将单掺杂材料进行后处理,通过调整反应温度及原料配比控制另一种掺杂元素的含量。由于制备过程采用了不同的原材料,反应过程相对比较复杂,通常需要事先合成模板,从而延长了双原子掺杂碳材料的制备过程。因此,为了简化这一过程,同时能够制备形貌和结构可控的双原子掺杂碳材料,对于前体的优化成了亟须解决的问题。例如,Dai 等早在 2011 年就设计并制备了第一类氮硼共掺碳纳米材料(氮硼共掺杂的垂直排列的碳纳米管和氮硼共掺杂石墨烯)。研究发现,与氮或硼单掺杂的对应物相比,氮硼共掺杂碳材料对 ORR 的活性可以产生协同作用。特别是他们在理论和实验上清楚地指出,经过充分证实在所有氮硼共掺杂碳样品中,当 B、C 和 N 的比例为12∶77∶11 时,氮硼共掺杂石墨烯具有最高的催化能力。Zhao 等以下胺和三苯基硼为氮源和硼源,以二茂铁为催化剂采用 CVD 方法制备了硼氮共掺杂的碳纳米管。研究发现,硼氮共掺杂较容易在石墨结构中形成 B—N 键。当按一定顺序进行氮和硼掺杂时,氮原子和硼原子在石墨晶格中则趋向于分离状态。他们又采用 CVD 方法先制备了硼掺杂碳纳米管,然后在 NH_3 气氛中,在 400℃ 条件下进行了后处理,制得了硼氮共掺杂碳纳米管,证实了在石墨晶格中硼原子与氮原子分离的事实。当它们相互分离时,碳材料既有 n 型半导体性,又有 p 型半导体性,在一定程度上形成异质结。

此外,近年来,科研工作者也制备了各种三原子掺杂的碳材料。例如,Zhang 等通过简便的热解方法制备了 N、P 和 F 三重掺杂的石墨烯,同时显示出 ORR、OER 和 HER 的三功能电催化性能,并且使用该材料作为空气电极组装成锌—空气电池,用来驱动水裂解装置发生 OER 和 HER 反应,产生了氧气和氢气。由此可见,多原子共掺杂为开发用于各种电催化反应的碳材料提供了强有力的手段。Shao 等选择富含 C、N、P 和 S 的鸡蛋黄作为前驱体,通过非常简单的一步热解法同时实现了生物质的碳化及 N、P 和 S 三种元素的原位掺杂。在热解过程中,利用熔融 KCl 的模板作用形成了富含松散堆积的石墨纳米片的层状结构,这种结构显著地提高了材料的比表面积和孔体积。电化学测试表明,此三元掺杂碳材料的 ORR 催化性能已经达到了商业化 Pt/C 催化剂的水平,而且稳定性更高。

3.3　杂原子掺杂碳的应用现状

多孔碳材料一般具有较高的比表面积和较大的孔体积,高的机械强度及良好的导电性能和催化性能,使得其在吸附、电极材料、催化、储氢和生物医药等领域具有良好而广阔的应用潜能。杂原子掺杂(如 N、P、S 和 B 等)进入多孔碳材料中不仅可以改变多孔碳材料的物理化学性质,同时还可以将大量含氧官能团引入材料表面,有利于碳材料各方面性能的提升。

3.3.1　吸附剂

一般来说,碳材料通常具有较高的比表面积和表面化学性质,因此具有很好的吸附性能。与普通的碳材料相比,有杂原子掺杂的碳材料由于碳材料中杂原子的掺杂增加了该材料的表面缺陷和化学活性位点,从而增加了碳材料的化学吸附作用。因此,杂原子掺杂碳材料具有更优秀的吸附性能,可以很好地应用于各种污染物的吸附与分离。

Wei 等以双氰胺为氮源、F127 为软模板、可溶性酚醛树脂为碳源,制备出了氮含量为 13.1% 的氮掺杂有序介孔碳材料,该材料在 298 K 和 101 kPa 下的二氧化碳吸附量为 3.2 mmol/g,并且在 0.2 A/g 电流密度下具有 262 F/g(在 1 mol/L 的 H_2SO_4 电解液中)和 227 F/g(在 6 mol/L 的 KOH 电解液中)的比电容。Kaneko 等用吡啶作为氮源和碳源,通过化学气相沉积法合成了含氮碳纤维(N-ACFs),研究发现,该 N-ACFs 中的氮含量随反应时间的延长而增加,其在 373 K 下的 NO 吸附量最高可达 85%,且 NO 的吸附能力与氮含量成正比。Grzyb 等以煤沥青和聚丙烯腈为原材料,将两者均匀混合后,用水蒸气进行活化得到了含氮的活性炭,并考察其对 SO_2 酸性气体的吸附能力,结果显示该材料氮掺杂量为 3.4 wt% ~ 10.8 wt%,以 0.4 ~ 2 nm 的微孔为主,在低压时氮原子起主要作用,对 SO_2 表现出较好的吸附性能。Boudou 等用含氮的原材料经过氨气处理得到了可用于吸附 SO_2 与 H_2S 的碳材料,其具有良好的 SO_2 与 H_2S 气体吸附性能。该材料较好的吸附效果主要是因为碳材料经氮掺杂后增加了其化学活性位点,而且吡啶型氮与吡咯型氮也有利于对 SO_2 与 H_2S 的吸附。Sousa 等通过硝酸对活性炭进行高温下的 1 100 ℃热处理和尿素在 200 ℃下的热处理,得到了多种氮掺杂的碳材料,并用这些氮掺杂碳材料吸附 NO,得到了很好的处理性能。

由于氮原子存在孤电子对,可以增加碳材料的供电性能,从而提升了氮掺杂碳材料对重金属的吸附性能。例如,Chang 等采用后处理法用乙二胺修饰碳材料,并考察其对重金属废水的吸附效果,研究表明,掺杂氮后的碳材料对水体中的重金属具有较好的吸附选择性,因此可以作为重金属吸附剂使用。氮/硫共掺杂碳材料在吸附与分离方面也有着广泛的应用。氮原子和硫原子的共掺杂增加了碳材料表面的极性,可以用来分离极性物质。另外,氮原子和硫原子还能够与金属结合形成络合物,以此来除去溶液中的金属离子。此外,碳材料较大的比表面积也有利于提高其吸附能力。Wang 等以柠檬酸为碳源,以尿素和硫脲为氮源和硫源,采用微波辅助方法合成了比表面积高达 3 073 m^2/g 的氮/硫共掺杂多孔碳材料,该材料在 77 K 下的 H_2 吸附量为 267.3 cm^3/g。

3.3.2 电极材料

随着现代社会的不断发展,对能源的消耗持续增加,以及随之带来的传统化石能源枯竭和环境污染等问题,人们对清洁能源的需求也在逐年增加。可再生清洁能源如风能、太阳能、水能和潮汐能等都存在区域差异性和间歇性等缺点,不利于这些能源的有效利用。因此,把富余的清洁能源进行有效的转换或存储是非常有必要的,而在这个过程中起关键作用的就是各种能源转换与存储器件,例如超级电容器、锂离子电池、锂硫电池和燃料电池等。这些能源转换与存储器件的关键就是开发一些性能优异的电极材料。近年来,杂原子掺杂碳材料因其独特的物理化学性质,在能源转换与存储器件的电极材料中的应用越来越广。

Gao 等以 SBA-15 为模板,以乙二胺和四氯化碳为原料,合成了氮掺杂介孔碳材料,再通过 KOH 活化后仍有 0.8 wt% 的氮组分,且比表面积高达 2 833 m^2/g。掺氮后的碳材料可明显提高材料的电化学性能,电容值可以达到 330 F/g。Liu 等以硝酸锌和 8-羟甲基喹啉为原料,以尿素为氮掺杂剂,通过水热法和浸渍法得到了多孔含氮碳材料。该含氮碳材料的比表面积是 484 m^2/g,氮含量达到了 9.01 at%。电化学测试显示此含氮碳材料在电流密度从 1 A/g 增大到 20 A/g 时,其电容值达到了 100 F/g,显示出很好的电化学性能。Huo 等以壳聚糖为碳源,甲磺酸为硫源,$CaCl_2$ 为活化剂,尿素为发泡剂,通过冷冻干燥和一步碳化、活化制备出氮硫双掺杂分级多孔碳。结果显示,当电流密度为 1 A/g 时,比电容达 272 F/g;当电流密度增加到 100 A/g 时,比电容还保持在 172 F/g,表现出优异的倍率性能。Qi 等以葡萄糖为碳源,硫脲作为氮源和硫源,通过烧结碳化法和活化法制备出氮硫双掺杂多孔碳材料。该材料的比表面积高达 3 652 m^2/g,电流密度为 1 A/g 时,比电容高达 281 F/g。Zhao 等人以壳聚糖为碳源和氮源,再经磷酸活化后合成制备了氮磷双掺杂碳材料,材料的比电容在电流密度为 0.2 A/g 时高达 312 F/g,在电流密度为 10 A/g 时循环充放电 2 000 圈后,比电容保持率还能保持在 97% 左右。这种优异的电容性能归因于碳材料表面的含氮和含磷官能团的氧化还原反应所产生的法拉第赝电容和双层电容的协同效应。

硫原子和硼原子与氮原子的元素半径比较接近,且电负性均小于氮原子(N:3.04、S:2.58、B:2.04)。因此,它们掺杂到碳材料中的作用类似于氮原子。此外,有研究表明,由于存在法拉第反应,硫掺杂碳材料中往往存在更多的锂离子存储位点,从而提高了材料的比容量,并能显著提高材料的导电性,有助于提高大电流密度下的比容量。而硼掺杂碳材料则有可能增加了碳材料中电荷载体的数量,提高其材料的导电率,降低锂离子在材料中扩散的势垒。Yun 等将硫粉与氧化石墨烯均匀混合,经高温处理后得到硫掺杂石墨烯,他们利用第一性原理计算了 S 原子的结合能,发现 S 原子极易极化的孤电子对会影响其周围碳原子的电荷状态,从而显著提高比容量。此外,他们还计算了硫掺杂前后材料的导电率,发现硫掺杂石墨烯的导电率比未经掺杂石墨烯的导电率提高了两个数量级。当这种材料用作锂离子电池的负极材料时,在 4 C 的电流密度下循环 500 圈仍可以保持 1 488 mAh/g 的高可逆容量。Sahoo 等利用氢诱导的热还原技术成功将硼酸中硼原子掺杂到石墨烯中,研究表明,硼掺杂石墨烯的电子态发生了变化,进而增强了对锂离子的吸附,该材料在 0.1 A/g 下有 548 mAh/g 的可逆容量。Ma 等分别以乙烯为碳源,氨气为氮源,多孔 $MgSO_4$ 晶须为模板和硫源,利用化学气相沉积法合成了一种三维网络结构的多孔氮硫共掺杂石墨烯。这种氮硫共掺杂石墨烯的氮含量和硫含量分别达到了 5.2 wt% 和 1.8 wt%,作为锂离子电池负极材料拥有优异的可逆容量和较好的倍率性能,在 0.05 A/g 下可逆容量达到 3 525 mAh/g,在 10 A/g 下可逆容量达到 40 mAh/g。

近年来,锂硫电池因能够提供 2 600 Wh/kg 的高能量密度和 1 675 mAh/g 的高理论比容量,使其成为二次电池中研究的热点。然而,多硫化物的穿梭效应是目前限制锂硫电池发展的主要因素。研究表明,碳材料中掺杂非金属元素氮、氧、磷、硫、硼和氟等可以吸附多硫化物,从而抑制穿梭效应,其中以氮掺杂效果最为明显。氮掺杂可以改变邻近碳原子的电荷状态,使掺杂后的碳材料具有更强的化学吸附能力,可通过氮和多硫化物之间的强配位相互作用或化学结合来固定多硫化物,以此来限制穿梭效应。根据氮原子与碳原子的成键方式不同,可以将氮原子分为三类:吡啶型氮、吡咯型氮和石墨型氮,其中吡啶型氮可以通过有效的锚定可溶性聚硫化锂,以足够的键能强烈吸引聚硫化锂,因此其对多硫化锂的吸附性能最强,吡咯型氮次之,石墨型氮则最弱。Liang 等制备碳纳米纤维时发现吡啶型氮的含量随着聚四氟乙烯乳液含量的增加而逐渐降低,F 原子的引入阻碍了吡啶型氮的形成,但引入的 F 原子影响了原有碳材料的电子结构,产生了新的活性位点,对提高碳材料的电化学性能非常有利。Kang 等以乙二胺为氮源制备的碳材料在 0.1 C 倍率下经历 75 个循环后的可逆容量为 1 077 mAh/g,而不含氮的碳材料相同条件下的可逆容量只有 658 mAh/g。Chen 等以硫脲为氮源和硫源,经水热法制备的碳材料与硫复合后在 0.5 C 下循环 300 圈后的可逆容量为 952 mAh/g,而未掺杂的碳材料在相同条件下循环 300 圈后只有 707 mAh/g 的可逆容量,这是因为氮硫双掺杂使得碳材料表面的电子呈不对称分布(掺杂的氮原子带负电,掺杂的硫原子带正电),其对电解液中的多硫化物的吸附能力更强。

3.3.3　催化与催化剂载体

碳材料一般可以分为石墨碳和无定型碳,由于结构中都存在着大量的不饱和键,故可广泛地应用于催化领域。但传统碳材料的选择性和催化活性都很差,常常需要加入具有酸碱位点的助催化剂才可使催化继续进行。因此,近年来,很多学者将杂原子掺杂的碳材料应用到催化剂中,取得了较好的效果。例如,氮的掺杂可提高碳材料的碱性位点,为催化提供 L-碱和 B-碱,尤其 L-碱具有较高的稳定性。除此之外,氮掺杂碳材料还可以用作催化剂载体,用其制备具有较高化学活性和良好稳定性的催化剂。

Huang 等利用二甲苯和乙二胺为碳源和氮源,通过喷雾热解法合成了氮掺杂碳球。该材料具有高催化活性、高稳定性与较好的耐甲醛性能,其中氮的掺杂对氧化还原反应(ORR)起主要作用。与贵金属负载催化剂比起来,该法制备的氮掺杂碳材料价格低廉,有利于大规模生产使用。Chun 等采用尿素、三聚氰胺和二茂铁为原材料,通过化学气相沉积法制备得到了氮掺杂碳纳米管。实验结果显示,用三聚氰胺制得的氮掺杂碳纳米管有较高的氮含量且有很好的氧化还原特性。Liu 等以 SBA-15 为模板,通过热解处理后得到了 Pt 负载的含氮介孔碳材料。该材料的氮掺杂量为 1.8 wt%,比表面积为 450 m^2/g,其对 ORR 反应有较好的电催化性和耐甲醛性。

Yang 等报道以 SBA-15 为模板剂,苯酚和三苯基膦为前驱体,采用纳米铸造工艺制备了磷掺杂量为 1.36 at%、比表面积为 1 182 m^2/g 的磷掺杂有序介孔碳,并在碱性溶液中研究了它的 ORR 性能,结果表明,磷含量较低的磷掺杂有序介孔碳材料表现出了良好的电催化性能,且对甲醇溶液具有良好的耐受性,说明杂原子磷的给电子能力较强,诱导了碳骨架上缺陷的产生,增强了电子的离域化,增强了材料的 ORR 性能,这一性能是铂基催化电极所不能达到的。Gopalakrishnan 等制备了 TG(TiO$_2$ 和石墨烯复合材料)、TNG(TiO$_2$ 和氮掺杂石墨烯复合材料)和 TBG(TiO$_2$ 和硼掺杂石墨烯复合材料)三种复合材料,并考察了它们的光催化降解有机染料的效果。结果表明,TBG 表现出最高的光催化降解亚甲基蓝有机染料效率,TNG 次之;而对于光催化降解罗丹明 B 有机染料效率而言,则 TNG 最佳,TBG 次之。由此可知,无机非金属元素掺杂可以大幅度提高石墨烯的光催化性能。

3.3.4　储氢材料

氢元素由于其特有的性能,被看作是未来最理想的洁净能源,受到国内外科研工作者的广泛关注。想要高效地利用氢能源,解决氢能源的储存和运输问题是开发氢能源的关键。碳材料比表面积较高、孔容较大,在储氢领域具有一定的优势。而且,将杂原子掺杂到碳材料的骨架中,可以使碳材料与外部一些分子的吸附性能发生变化,使其成为非常有潜力的储氢材料。

Lee 等以甲醛和间苯二酚为原料,通过氨气热处理合成了氮掺杂碳气凝胶,该材料的氮掺杂量与热处理温度成反比。在 950 ℃ 的热处理温度下得到的氮掺杂碳材料比表面积是 1 602 m^2/g,氮掺杂量是 4.67 wt%,该材料在 -196 ℃ 下的储氢量是 3.24 wt%。Gao 等以乙二胺为原材料、SBA-15 为模板合成了氮掺杂介孔碳材料,再用 KOH 对其进行化学活化处理,最后得到了有高孔体积和高含氮量的含氮碳材料,此材料对氢的吸附量最大可达 6.84 wt%。

Zhu 等采用密度泛函理论研究了氮掺杂碳材料和氢原子之间的作用力。研究表明,氮掺杂后碳材料通过 N—C 键面内的 σ 键使石墨烯片层结构更加稳定,同时由于氮掺杂造成了石墨烯层 π 电子密度的再分配,使石墨烯层的 π 电子共轭作用减弱。当氢原子吸附于与氮杂原子相邻的碳原子时,则有效地提高了氢原子的吸附能,有利于其储氢性能;而当氢原子吸附于氮杂原子时,吸附能较低,不利于其储氢性能。因此,氮掺杂碳材料的储氢性能的提高依赖于其掺杂量,并且其掺杂量存在最优值。氢原子和氮掺杂碳纳米管壁相互作用力的第一性原理计算表明,氮掺杂降低了 H$_2$ 分子在碳纳米管表面分解的能垒。氮杂原子掺杂后,增加了 H$_2$ 和碳材料表面的相互作用力,同时有利于

H_2 的分解,增强了 H_2 的溢出效应,从而有效提高了氮掺杂碳材料的储氢性能。AO 等发现电场对氮掺杂石墨烯的储氢性能有活化作用,在电场作用下,H_2 会自然分解成氢原子,并化学吸附于与氮原子相邻的碳原子表面,且有利于 H_2 在材料表面的扩散。去除外加电场后,吸附的氢原子可以被很轻易地释放。因此,通过外加电场可以有效地控制 H_2 的吸附和解吸。

3.3.5　生物医药方面

生物传感器(biosensor)是由固定化生物物质作敏感元件与适当的化学信号转换器件组成的生物电化学分析系统。药物的研发一直是人们广泛关注的热点问题,药物的疗效与药物的药学性质有关,同时与药物能否安全有效到达治疗位点密切相关。因此,可以在杂原子掺杂碳材料的孔道内固定包埋各种药物,同时可以进行释放,提高药物治疗的有效性,另外还可利用生物导向作用,有效准确地击中病变部位,以大大提高药物治疗的有效性和安全性。

近年来,氮掺杂石墨烯在生物传感器领域也极具研究价值,如已应用于细胞传感器并获得了高的选择性和大于 2 个数量级的动态线性范围,还有研究基于氮掺杂石墨烯的电化学生物传感检测白血病癌细胞,并获得 5 个数量级的线性检测范围。基于氮掺杂石墨烯的 DNA 生物传感也被广泛关注,如 Chen 等采用三维氮掺杂石墨烯作为 DNA 检测电极,氮掺杂石墨烯材料的良好导电性能够创造一种有利的微环境,既能保持单股 DNA 探针的活性又能促进电子传递,最终获取了较宽的线性检测范围和低的检测限。

此外,氮掺杂石墨烯在生物细胞成像、生物抗菌等方面也已被广泛研究。例如,Kuo 等研究结果表明,在光动力学治疗中,作为光敏剂的氮掺杂石墨烯量子点在 670 nm 光激发波长的激光照射下,仅需 3 min 就能够产生比石墨烯量子点更多的活性氧,因而抗菌效果显著提高。此外,在相同处理条件下,具有较多含氮化学键组成的石墨烯量子点能更有效地执行光动力治疗作用。氮掺杂石墨烯量子点的本征发光特性和优良的光稳定性能够使它作为生物医学成像中跟踪和定位细菌的探针材料。因此,氮掺杂石墨烯量子点将为未来的临床应用,特别对于跟踪和清除耐药细菌(如金黄色葡萄球菌、革兰氏阴性杆菌及大肠杆菌等)具有巨大应用潜力。

3.4　杂原子掺杂碳在重金属废水处理中的应用

杂原子掺杂碳具有较高的比表面积、较大的孔体积和丰富的表面官能团,近年来,被国内外科研工作者用来处理重金属废水,取得了较好的效果。例如,Zhang 等报道了富氮竹子基活性炭的制备过程,首先在 500 ℃下炭化竹子制备活性炭(AC),然后分别用三聚氰胺和尿素改性 AC 并浸渍 K_2CO_3 溶液后在 800 ℃下活化,得到了富氮碳材料 AC2 和 AC3,改性后富氮碳材料 AC2 和 AC3 对 Cr(Ⅵ)的去除率分别为 85% 和 89%,均大于未掺杂氮的,可见氮的掺杂改善了其对 Cr(Ⅵ)的去除效果。Fang 等制备了 4-乙烯基吡啶包裹的颗粒活性炭(GAC-QPVP),其在 pH = 2.25 时对 Cr(Ⅵ)的最大吸附量为 53.7 mg/g。Chen 等以氧化石墨烯为碳源,以氨腈为氮源,采用一步热处理法制备了高度多孔氮掺杂石墨烯,并对废水中的 Pb^{2+}、Cd^{2+}、Cu^{2+} 和 Fe^{2+} 进行了电吸附。结果表明,高度多孔氮掺杂石墨烯对浓度范围在 0.05~200 mg/L 的上述重金属离子均表现出较高的吸附效率(90%~100%),且吸附速率快(30 min 内),可再生性能好(吸附解吸 10 次保持率仍大于 99%)。

Saha 等利用硫掺杂有序介孔碳处理含 Hg^{2+}、Pb^{2+}、Cd^{2+} 和 Ni^{2+} 的重金属废水,研究发现,硫掺杂有序介孔碳对这四种重金属离子的亲和力顺序为:Hg>Pb>Cd>Ni。吸附过程符合准二级动力学方程,且对重金属的吸附性能受碳材料的孔隙结构和表面含硫官能团的影响。Kong 等制备了氮掺杂石墨烯气凝胶,硫掺杂石墨烯气凝胶和氮硫双掺杂石墨烯气凝胶三种杂原子碳材料,并利用它们电吸附处理含 Cu^{2+}、Cd^{2+}、Hg^{2+} 和 Pb^{2+} 的重金属废水。结果表明,硫掺杂石墨烯气凝胶对这四种重金属离子的吸附效果要好于氮硫双掺杂石墨烯和氮掺杂石墨烯。而且,在四种重金属离子中,硫掺杂石墨烯气凝胶对半径最小的 Cu^{2+} 的吸附效果最好,静电吸引在电吸附重金属离子过程中起着至关重要的作用。Wang 等以蚕茧为原材料制备了高比表面积的氮掺杂分级多孔碳材料,该材料的比表面积高达 3 134 m^2/g,且具有 200~300 nm 的大孔、2~4 nm 的中孔和 0.8~2 nm 的微孔,其对废水中铬的吸附量高达 366.3 mg/g。热力学和动力学分析表明,吸附过程是自发的、吸热的,且符合准二级动力学模型和 Langmuir 等温线模型。Cao 等采用灵活的裂解碳化法制备了氟氮双掺杂磁性碳(FN-MCs),并利用其处理含 Cr(Ⅵ)废水。结果表明,相对于单独掺氟或单独掺氮的磁性碳,FN-MCs 在中性 Cr(Ⅵ)溶液中表现出更好的去除率,在中性 Cr(Ⅵ)溶液和酸性 Cr(Ⅵ)溶液中的吸附容量分别可达到 188.7 mg/g 和 740.7 mg/g,这种优异的吸附性能主要归因于氟原子和氮原子的协同作用,可以显著增加碳材料表面的负电荷密度。此外,密度泛函理论计算也证明了氟和氮双掺杂可以减少 FN-MCs 和 Cr(Ⅵ)之间的吸附能,从而有效地促进了 Cr(Ⅵ)的吸附效率。

第2篇　案例篇

目前,重金属废水的处理方法主要有化学沉淀法、离子交换法、混凝或絮凝法、浮选法、萃取法、膜过滤法、电化学处理法、氧化还原法、生物法和吸附法等。其中,吸附法因具有可处理多种目标污染物、操作简单、不产生二次污染、吸附容量高、吸附速度快和有多种吸附剂可供选择等优点,逐渐受到国内外研究者的关注。吸附剂是吸附法的关键因素。其性能的优劣决定了吸附效果的好坏及吸附效率的高低。一般来说,吸附剂的比表面积、孔径结构和表面官能团等物理化学性质对重金属废水的处理效果都有着重要的影响。因此,采用吸附法处理重金属废水最大的挑战是开发价格低廉、吸附容量高、吸附时间短和再生性能好的吸附剂。近年来,生物质碳材料因具有成本低、可再生、来源广泛、化学稳定性好和可引入多种官能团等优点,被人们用来处理重金属废水。此外,石墨烯作为一种新型碳材料,是一种采用 sp^2 杂化的只含碳原子的二维结构材料,近年来因其独特的物理化学性质,在储氢、催化、吸附、电极材料和超级电容器等领域表现出优异的应用前景。然而,生物质碳材料及石墨烯两者均存在着吸附容量低的问题。研究表明,杂原子掺杂改性可以在碳材料表面引入一些新的缺陷,改变碳材料的电子云分布,形成一些新的活性吸附位点,从而有利于重金属离子的吸附。因此,本篇结合作者参加工作以来的研究实践,探讨了几种杂原子掺杂碳对重金属废水的处理效果。这些具体案例的详细介绍有利于对重金属废水的处理提供理论基础和技术指导。

第 4 章 硼掺杂微介孔碳球对镉的吸附特性研究

4.1 引 言

环境中的镉主要来自于电镀、镍镉电池、颜料生产和塑料制造等行业,镉及其化合物不仅毒性强,而且在环境和人体中可以长期存在。我国规定饮用水中镉的含量不能超过 0.005 mg/L,若长期饮用镉含量超标的水,会导致人体出现贫血、新陈代谢紊乱等症状,严重时甚至会造成人体中毒死亡。因此,研究和处理水中的镉对人类健康和环境保护都有着重要的意义。目前,镉的处理方法主要有化学沉淀法、离子交换法及吸附法等。吸附法因具有操作简单、不产生二次污染和材料易得等优点,近年来逐渐受到国内外研究者的关注。

多孔碳材料具有优异的物理化学性质,如耐酸碱性、导电导热性、耐腐蚀性和化学稳定性等,且还具有比表面积高、孔隙结构丰富和表面性质可调等特点,在催化、储能、吸附、电极材料和电容器等领域表现出广泛的应用前景。近年来,由价格低廉、容易获取和种类繁多的生物质前驱体制备多孔碳材料逐渐成为研究的热点。此外,通过物理化学活化和杂原子掺杂等方法对多孔碳材料进行改性处理,可进一步提升其各方面的性能(如吸附性能等),因而备受学者的青睐。例如,Li 等通过物理活化香蕉皮制备了一种新型泡沫炭(CF),用于吸附水溶液中的 Cu^{2+}、Pb^{2+}、Cd^{2+} 和 Cr^{6+} 等重金属离子,在吸附时间为 1 h时,重金属离子的去除效率就可达 98% 以上。Yang 等通过简单的浸渍、聚合和焙烧制备了孔径均匀(3.8 nm)、磁性能优良(8.46 emu/g)的氮掺杂磁性有序介孔碳(N-Fe/OMC),与磁性有序介孔碳(Fe/OMC)和原始有序介孔碳(OMC)相比,N-Fe/OMC 对 Pb(Ⅱ)和苯酚都具有更好的吸附性能,且 N-Fe/OMC 在稀 NaOH 和丙酮溶液中具有较好的循环再生能力。

因此,本章选用生物质(蔗糖)为前驱体,硼酸为掺杂剂,利用水热和化学活化相结合的方法制备了硼掺杂微介孔碳球(Boron-doped Micro-Meso Porous Carbon spheres,B-MMPC),并将其应用于镉金属废水的处理,以探究杂原子掺杂和化学活化对碳材料吸附性能的影响。本章首先系统研究了硼掺杂量、吸附时间、pH 和吸附剂质量等因素对 B-MMPC 吸附镉的影响,采用动力学、热力学和等温线方程对 B-MMPC 吸附镉的过程进行拟合,并对吸附镉前后 B-MMPC 的形貌结构等进行了表征分析,以期揭示 B-MMPC 对镉的吸附机制。

4.2　实验部分

4.2.1　试剂与仪器

试剂:蔗糖、硼酸(天津市科密欧化学试剂有限公司);氯化镉(天津市大茂化学试剂厂);氯化锌(天津市盛奥化学试剂有限公司);无水乙醇(天津市风船化学试剂科技有限公司);硝酸(洛阳昊华化学试剂有限公司)。所用药品均为分析纯,实验用水为超纯水。

仪器:原子吸收分光光度计(AA-6880,杭州格图科技有限公司);KTF-1700 管式气氛炉(KTF-6-17,无锡贝鲁斯热工科技有限公司);pH 测定仪(PHS-3C,上海市安亭电子仪器厂);电子天平(FA2004B,上海市安亭电子仪器厂);恒温振荡培养箱(EMS-4E,天津欧诺仪器仪表有限公司);电热恒温干燥箱(DHG202-0,上虞市沪越仪器设备厂);多点磁力搅拌器(CJB-5-5D,河南爱博特科技发展有限公司);循环水式多用真空泵[SHZ-D(Ⅲ),巩义市科华仪器设备有限公司];扫描电子显微镜(SIGMA 500,德国 ZEISS 公司);X 射线衍射仪(D8 ADVANCE,德国 Bruker 公司);显微激光拉曼光谱仪(inVia Reflex,英国 Renishaw 公司);傅立叶变换红外光谱仪(Nicolet 6700,美国 Thermo Fisher 公司);比表面积及孔隙度分析仪(ASIQM 0010-4,美国 Quantachrome 公司)。

4.2.2　硼掺杂微介孔碳球的制备

称取 4 份质量为 6.4 g 的蔗糖于烧杯中,分别加入 0、1.6 g、3.2 g 和 6.4 g 的硼酸和 80 mL 超纯水,搅拌 1 h 后转入以聚四氟乙烯为内衬的水热罐中密封,放入烘箱中,在 190 ℃条件下水热反应 12 h,后经自然冷却至室温,用超纯水和无水乙醇洗涤过滤至中性,80 ℃条件下干燥 6 h 后得到四种水热碳。分别称取上述水热碳和氯化锌按质量比 1:1 混合,加入无水乙醇和超纯水搅拌均匀,静置 12 h 后 105 ℃烘干,再将其置于以氮气为保护气的管式炉中,以 5 ℃/min 的升温速率升温至 900 ℃保温 1 h,取出后加入稀硝酸搅拌 6 h 并过滤洗涤至中性,放入烘箱内 105 ℃烘干,即得到四种不同硼掺杂量微介孔碳球。

根据加入硼酸质量的不同(0、1.6 g、3.2 g 和 6.4 g),分别命名为 MMPC、B-MMPC-1、B-MMPC-2 和 B-MMPC-3。

4.2.3　镉的吸附实验

4.2.3.1　不同硼掺杂量的影响

称取 30 mg 的 MMPC、B-MMPC-1、B-MMPC-2 和 B-MMPC-3 分别置于 50 mL 浓度为 30 mg/L 的 Cd^{2+} 溶液中,在 298 K、130 r/min 的条件下恒温振荡吸附 24 h,吸附后将溶液抽滤,采用原子吸收光谱法测定 Cd^{2+} 浓度,设置三组平行实验取平均值,计算吸附率 η(%)和吸附量 Q(mg/g),计算公式为

$$\eta = \frac{\rho_0 - \rho_e}{\rho_0} \times 100\% \qquad (4\text{-}1)$$

$$Q = \frac{(\rho_0 - \rho_e)V}{m} \qquad (4\text{-}2)$$

式中　ρ_0——Cd^{2+} 的初始浓度,mg/L;

　　　ρ_e——吸附平衡时的浓度,mg/L;

　　　m——吸附剂的质量,g;

　　　V——溶液体积,L。

4.2.3.2　吸附时间的影响

称取 20 mg 的 B-MMPC-3,置于 100 mL 的锥形瓶中,加入 50 mL 浓度为 10 mg/L 的 Cd^{2+} 溶液,随后将其置于 298 K、130 r/min 的恒温振荡培养箱里振荡吸附 5 min、10 min、15 min、20 min、30 min、40 min、50 min、60 min、80 min、100 min、120 min、180 min、240 min、300 min、360 min、420 min、480 min、600 min、720 min 和 1 440 min,测定吸附后 Cd^{2+} 溶液浓度,计算吸附率和吸附量。并采用动力学模型对实验数据进行拟合。

4.2.3.3　pH 的影响

在 298 K 条件下,称取若干份 20 mg 的 B-MMPC-3,分别加入 50 mL 浓度为 10 mg/L 的 Cd^{2+} 溶液,调节 pH 为 2、3、4、5、6 和 7,置于恒温振荡培养箱里振荡吸附 720 min,测定吸附后 Cd^{2+} 溶液浓度,计算吸附率和吸附量。

4.2.3.4　吸附剂质量的影响

称取质量 10 mg、15 mg、20 mg、30 mg、40 mg 和 50 mg 的 B-MMPC-3,分别加入 50 mL 的 pH 为 5、浓度为 10 mg/L 的 Cd^{2+} 溶液,在 298 K、130 r/min 条件下恒温振荡吸附 720 min,测定吸附后 Cd^{2+} 溶液浓度,计算吸附率和吸附量。

4.2.3.5　初始浓度与温度的影响

取 pH 为 5 的初始浓度分别为 10 mg/L、30 mg/L、50 mg/L、70 mg/L、90 mg/L、110 mg/L 的溶液各 50 mL,分别加入 40 mg 的 B-MMPC-3,温度设定在 298 K、308 K、318 K,振荡吸附 720 min 后,测定 Cd^{2+} 溶液浓度并计算吸附量。采用等温线模型对实验数据进行拟合,并进行了相关的热力学数据的计算。

4.3　硼掺杂微介孔碳球的表征

4.3.1　扫描电镜分析

图 4-1 为 MMPC 和 B-MMPC-3 的 SEM(扫描电镜)。从图 4-1 中可以看出,硼元素掺杂前后,样品均为内部无杂质的实心球形碳材料,其中未掺杂的碳球表面光滑,粒径较为均一,存在不完全成型和团聚的情况。而掺杂硼元素后的碳球(B-MMPC-3)表面光滑度较掺杂前有所下降,表面存在着一些缺陷,这可能是由硼掺杂和氯化锌活化造成的;且球颗粒直径有所增大,为 1~6 μm,团聚现象消失,碳球均匀分散。由 EDS 测得 B-MMPC-3 中碳、硼和氧的质量百分比分别为 90.43%、6.46% 和 3.11%,说明硼元素成功掺杂到 B-MMPC-3 样品中,且 B-MMPC-3 表面存在着丰富的含氧和含硼官能团。

(a)MMPC的SEM(一)

图 4-1　MMPC 和 B-MMPC-3 的 SEM

(b)MMPC的SEM(二)

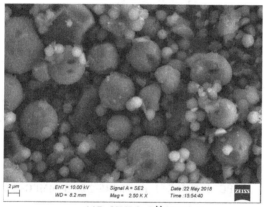

(c)B-MMPC-3的SEM(一)

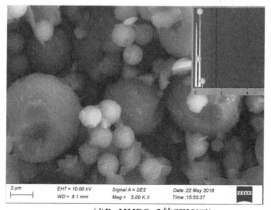

(d)B-MMPC-3的SEM(二)

续图 4-1

4.3.2 X 射线衍射分析

将 MMPC、B-MMPC-1、B-MMPC-2 和 B-MMPC-3 经过 X 射线衍射仪测定得到 XRD,如图 4-2 所示。四种碳材料均在 26°及 44°左右出现两个明显的大包特征峰,分别对应着石墨材料的(002)和(100)晶面,说明实验制备出的 MMPC、B-MMPC-1、B-MMPC-2 和 B-MMPC-3 材料均为具有一定石墨化结构的无定型碳。

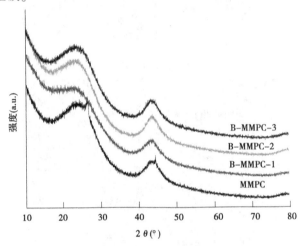

图 4-2 MMPC、B-MMPC-1、B-MMPC-2 和 B-MMPC-3 的 XRD

4.3.3 拉曼光谱分析

把材料压平制片后经激光拉曼照射,处理相关数据绘制图 4-3。拉曼光谱出现了吻合具有石墨、生物质无定型碳的典型特征峰,分别在 1 354 cm^{-1}和 1 585 cm^{-1}左右。缺陷和无序诱导 D 峰的产生,碳材料的石墨化度对应 G 峰。通过计算 D 峰和 G 峰的强度比 I_D/I_G,结果发现 MMPC、B-MMPC-1、B-MMPC-2 和 B-MMPC-3 的 I_D/I_G 分别为 1.08、1.16、1.22 和 1.24,依次增大,也证明了随着硼元素掺杂质量的增加,碳材料的无序度、缺陷增多。峰位在极小范围内有移动,这可能与硼元素掺杂有关。

4.3.4 傅立叶变换红外光谱分析

为了探究硼掺杂微介孔碳球的官能团结构,选择 B-MMPC-3 进行傅立叶变换红外光谱测定。由图 4-4 可以看出,在 811.9 cm^{-1}、1 106.9 cm^{-1}、

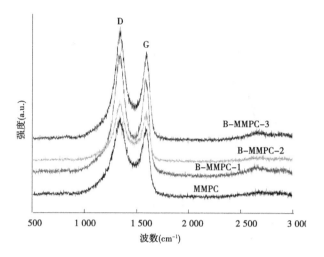

图 4-3　MMPC、B-MMPC-1、B-MMPC-2 和 B-MMPC-3 的拉曼光谱

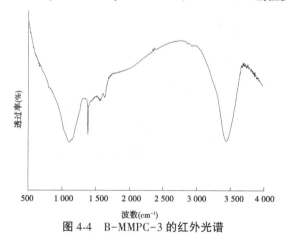

图 4-4　B-MMPC-3 的红外光谱

1 383.7 cm^{-1}、1 565.9 cm^{-1}、1 630.5 cm^{-1} 和 3 440.4 cm^{-1} 处分别出现特征吸收峰。其中,811.9 cm^{-1} 和 1 106.9 cm^{-1} 处出现的吸收峰分别为 O—B—O 和 C—OH 官能团的伸缩振动;在 1 383.7 cm^{-1} 和 1 565.9 cm^{-1} 处出现的吸收峰分别对应着 O═C—O 的反对称和对称伸缩振动;在 1 630.5 cm^{-1} 处的吸收峰为 C═O 键的伸缩振动;而在 3 440.4 cm^{-1} 处的吸收峰则为—OH 的特征吸收峰。由以上分析可知,B-MMPC-3 的表面存在 O—B—O、—COOH、—OH 和 C═O 等含硼和含氧官能团,这与 EDS 的结果相吻合(见图 4-1)。这些含硼和含氧表面官能团据报道可以提供更多的活性吸附位点,从而有利于 B-MMPC-3 对废水中镉的吸附。

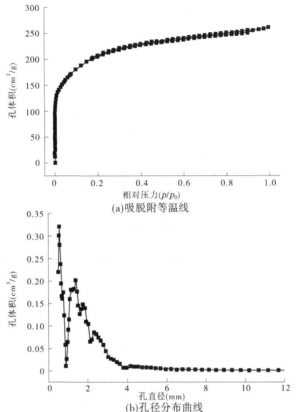

(a)吸脱附等温线

(b)孔径分布曲线

图 4-5　B-MMPC-3 的氮气吸脱附等温线和孔径分布曲线

4.3.5　比表面积分析

为表征经 $ZnCl_2$ 活化的 B-MMPC-3 的比表面积和孔结构,我们对材料进行了氮气吸脱附等温线测试,如图 4-5 所示。根据 IUPAC 的分类标准,B-MMPC-3 属于 I 型的吸附脱附等温线,在相对压力较低时($p/p_0 = 0 \sim 0.1$),吸附曲线急剧上升,说明 B-MMPC-3 中存在着微孔结构,在相对压力 $p/p_0 = 0.5 \sim 0.9$ 时,出现微小的滞后环,标志着 B-MMPC-3 中存在连通着的介孔结构,而在相对压力 p/p_0 接近 1.0 时,曲线平缓,没有出现明显上翘的现象,说明不存在大孔。通过 BET 方法计算出 B-MMPC-3 的比表面积高达 672.3 m^2/g,孔体积达到 0.36 cm^3/g,这主要得益于 $ZnCl_2$ 的活化造孔作用。基于 NLDFT 理论下的孔径分布曲线可知,B-MMPC-3 的孔径主要分布于 0.5~10 nm,说明微孔和介孔占主导地位,这再次表明,作者制备的 B-

MMPC—3 为典型的微介孔碳。因此,推测 B-MMPC-3 的这种微介孔结构可以提供很多的活性吸附位点,从而有利于对镉进行孔隙的吸附。

4.4　硼掺杂微介孔碳球对镉的吸附特性研究

4.4.1　不同硼掺杂量的影响

为了考察不同硼掺杂量对镉吸附效果的影响,制备了四种不同硼含量的微介孔碳球,并在相同条件下进行了镉的吸附实验,结果如图 4-6 所示。由图可以清楚地看出,各类吸附剂对镉吸附量的大小顺序为:B-MMPC-3> B-MMPC-2>B-MMPC-1>MMPC。掺杂硼后的碳材料吸附效果均好于未掺杂硼的碳材料,且镉的吸附量随着硼含量的增加而增加。其中,B-MMPC-3 对镉的吸附效果最佳,吸附量可达 26.3 mg/g,而 MMPC 对镉的吸附量不足 B-MMPC-3 的一半,仅为 11.3 mg/g。由此可知,硼掺杂可明显提升碳材料对镉的吸附效果,这可能是由于硼的电负性(2.04)小于碳的电负性(2.55),当硼原子掺杂到碳原子的晶格后,致使电子偏向碳,使碳原子带负电,从而在水溶液中可通过静电引力作用使更多的带正电的镉离子吸附在 B-MMPC-3 的表面,极大地提升了 B-MMPC-3 对镉的吸附效果。由于 B-MMPC-3 对镉的吸附效果是最好的,因此均选用 B-MMPC-3 作为下列实验中的吸附剂。

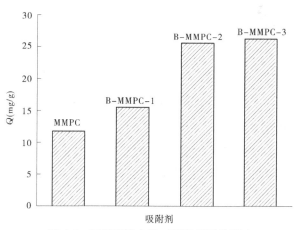

图 4-6　不同硼掺杂量对镉吸附量的影响

4.4.2 吸附时间的影响及吸附动力学

4.4.2.1 吸附时间的影响

图 4-7 主要考察了吸附时间对镉吸附效果的影响,可以看出,随着吸附时间的延长,B-MMPC-3 对镉的吸附量和吸附率都在逐渐升高。在 3 h 内,由于 B-MMPC-3 表面存在着大量生物活性的结合位点,对镉的去除效率迅速提高,吸附率可达到 40%。3 h 后,随着吸附位点逐渐被占据,吸附速率放缓,吸附剂与水溶液(体相)上溶质分子之间的排斥力很可能是金属吸附速率减慢的原因,此时,孔隙扩散尤为显著,由于镉从 B-MMPC-3 的表面扩散到内部孔隙是比较耗时的,因此 12 h 后吸附才基本达到平衡状态。此外,吸附过程中往往伴随着官能团的吸附,可进一步提升 B-MMPC-3 对镉的吸附率,24 h 时 B-MMPC-3 对镉的吸附量为 16.8 mg/g。

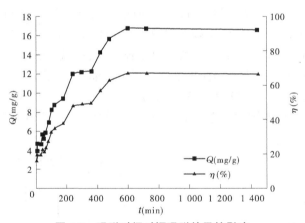

图 4-7 吸附时间对镉吸附效果的影响

4.4.2.2 吸附动力学

为了研究 B-MMPC-3 对镉的吸附动力学特性,更好地了解吸附过程,利用图 4-7 的吸附数据进行了动力学拟合。基于吸附平衡数据,采用以下模型对实验数据进行拟合。

准一级动力学模型:

$$\ln(q_e - q_t) = \ln q_e - k_1 t \qquad (4-3)$$

准二级动力学模型:

$$\frac{t}{q_t} = \frac{1}{k_2 q_e^2} + \frac{1}{q_e}t \tag{4-4}$$

内扩散动力学模型：

$$q_t = k_p t^{1/2} + C \tag{4-5}$$

Boyd 动力学模型：

$$B_t = -0.497\,7 - \ln(1 - \frac{q_t}{q_e}) \tag{4-6}$$

式中　t——吸附时间,min;

　　　k_1——准一级动力学常数,$\min^{-1}$;

　　　k_2——准二级动力学常数,$g/(mg \cdot min)$;

　　　k_p——粒子内扩散速率常数,$mg/(g \cdot \min^{1/2})$;

　　　C——涉及边界层厚度,界面越大,边界层效应越大;

　　　q_e——平衡吸附量,mg/g;

　　　q_t——t 时刻的吸附量,mg/g。

如图 4-8 所示,分别以 t、$t^{1/2}$ 为横坐标,以 $\ln(q_e-q_t)$、t/q_t、q_t、B_t 为纵坐标作图。从图 4-8 中可看出,准二级动力学模型拟合的数据可以呈现较好的线性关系。对实验数据进行总结,见表 4-1。从表 4-1 可以看出,准一级模型拟合的理论吸附量与实验吸附量相差较大,而准二级模型拟合的理论吸附量与实验吸附量相差无几,从相关系数 R^2 也可以看出,准二级的相关系数更接近于 1,说明用准二级动力学模型拟合 B-MMPC-3 对镉的吸附行为是可行的,吸附过程中存在电子的转移,化学吸附起主要作用,其中官能团吸附是 B-MMPC-3 吸附镉的控速步骤。

从图 4-8(c)中可以看出,第二段曲线斜率高于第一段曲线斜率,原因可能是刚开始外表面扩散与外表面吸附起主导作用,第二阶段的时候粒内扩散和外表面扩散与吸附同时作用。在 12 h 后,曲线斜率趋于平缓,可能是吸附达到平衡之后,外表面扩散与吸附达到饱和,不再进行吸附。图形呈现三段直线,说明在镉的吸附过程中存在粒子内扩散,但三段直线均不经过原点,这说明粒子内扩散不是控制吸附速率的唯一因素。图 4-8(d)更加验证了吸附过程不只是粒内扩散控制,还有外表面扩散控制和外表面吸附控制。

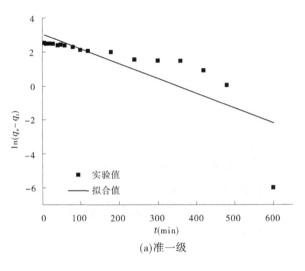

(a)准一级

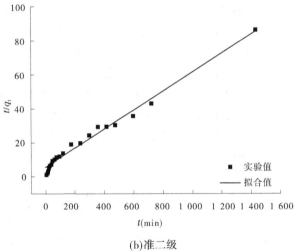

(b)准二级

图 4-8   B-MMPC-3 吸附镉的动力学拟合曲线

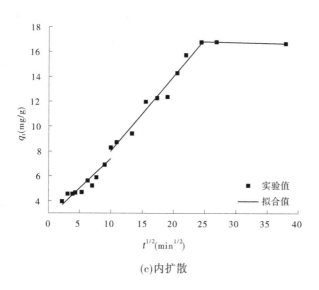

(c)内扩散

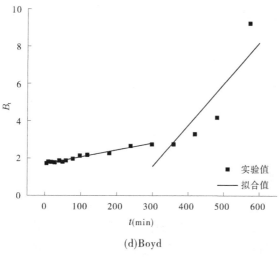

(d)Boyd

续图 4-8

表 4-1 B-MMPC-3 对镉的吸附动力学参数

吸附动力学模型		拟合参数	
准一级动力学模型		$k_1(\min^{-1})$	0.009
		$q_{e,cal}(mg/g)$	21.3
		$q_{e,exp}(mg/g)$	16.8
		R^2	0.651
准二级动力学模型		$k_2[g/(mg \cdot min)]$	0.056
		$q_{e,cal}(mg/g)$	17.8
		$q_{e,exp}(mg/g)$	16.8
		R^2	0.985
内扩散动力学模型	第一阶段	$k_p[mg/(g \cdot min^{1/2})]$	0.475
		R^2	0.861
	第二阶段	$k_p[mg/(g \cdot min^{1/2})]$	0.598
		R^2	0.967
	第三阶段	$k_p[mg/(g \cdot min^{1/2})]$	−0.013
		R^2	0.969
Boyd 动力学模型	一阶段	k_1	0.004
		R^2	0.973
	二阶段	k_2	0.022
		R^2	0.826

4.4.3 pH 的影响

吸附实验中的 pH 是重要的参数之一,它影响着金属离子的价态和溶质的吸附能力,也影响吸附剂官能团的活性。图 4-9 展示了 pH 对 B-MMPC-3 吸附镉的影响,当 pH 从 2 增加到 5 时,B-MMPC-3 对镉的吸附率从 52% 提高到 79%,吸附量也从 13.1 mg/g 升高到 19.7 mg/g,pH 超过 5 以后,吸附率和吸附量都会下降。在较低 pH 下,镉的吸附率差,可能是由于大量 H⁺ 的存在,可以与镉竞争相同的结合位点。另外,B-MMPC-3 表面的羟基被高度质子化,形成正电荷,与镉相互排斥,阻碍镉结合在吸附剂表面。当 pH 接近 5 时,

H$^+$减少,质子化程度减弱,吸附率和吸附量达到最大。随着 pH 的逐渐升高,镉离子与 OH$^-$可能形成氢氧化物配合物,如 Cd(OH)$^+$、Cd$_2$(OH)$^{3+}$等,导致吸附的镉减少。

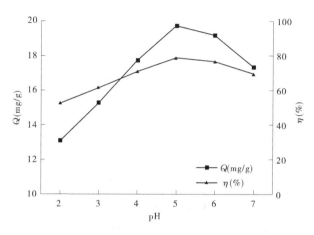

图 4-9　pH 对镉吸附效果的影响

4.4.4　吸附剂质量的影响

图 4-10 为吸附剂质量对镉吸附效果的影响,从图 4-10 中可以看出,B-MMPC-3 的质量从 10 mg 增加到 50 mg,吸附率相应地从 28%增加至 78%,这是由于随着吸附剂质量的增加,吸附的位点和表面面积随之增加,从而吸附率逐渐提高。对于吸附量而言,当吸附剂质量从 10 mg 增加到 20 mg 时,吸附量略微增加,这归因于在低的投加量范围内,吸附剂比表面积的增加和有更多的活性位点可用。当投加量大于 20 mg 后,吸附量却逐渐下降,直到投加量为 50 mg 时,吸附量达到最低(7.8 mg/g),原因是镉浓度不变时,随着吸附剂质量的增加,单位质量的吸附剂所吸收的镉含量下降,导致吸附量降低。

4.4.5　初始浓度与温度的影响及吸附等温线和吸附热力学

4.4.5.1　初始浓度与温度的影响

图 4-11 主要研究在 298 K、308 K、318 K 温度下,镉初始浓度为 10~110 mg/L 时,B-MMPC-3 对镉的吸附效果。由图 4-11 可知,在同一温度下,镉初始浓度越高,为镉克服水相和固相之间的传质阻力提供的驱动力越大。此外,镉初始浓度的增加也增加了 B-MMPC-3 与镉之间的相互作用,两者的协同作用导致 B-MMPC-3 对镉的吸附量随之升高。在 298 K,初始浓度为 90

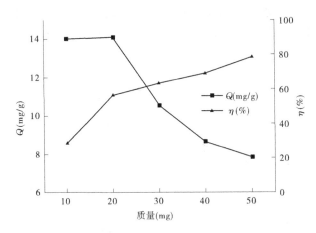

图 4-10　吸附剂质量对镉吸附效果的影响

mg/L 时,吸附量可以达到 41.4 mg/g;浓度大于 90 mg/L 后,吸附量趋于平缓,吸附位点逐渐饱和,吸附接近平衡状态。初始浓度为 110 mg/L,温度在 298 K、308 K、318 K 的吸附量分别是 41.9 mg/g、42.9 mg/g、43.3 mg/g,这说明吸附过程是吸热的,升高温度能提高 B-MMPC-3 对镉的吸附效果,但温度对吸附量的影响并不显著。通过对比文献中报道的其他吸附剂对镉的吸附量(见表 4-2)可知,B-MMPC-3 的吸附效果均优于其他吸附剂,这更进一步地证明了 B-MMPC-3 是一种良好的吸附剂。

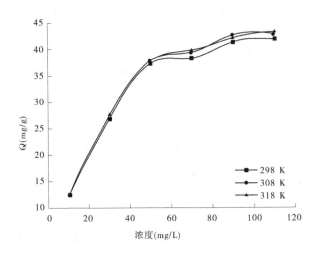

图 4-11　初始浓度与温度对镉吸附量的影响

表 4-2　不同吸附剂对镉的吸附量比较

吸附剂	吸附量(mg/g)	参考文献
ADCNTS	1.8	Gao,et al
PS	26.88	Cheng,et al
PSB	28.99	Cheng,et al
松果体锯末	5.36	Semerjian
MNR	19.8	Archana,et al
B-MMPC-3	43.3	本书相关研究

4.4.5.2　吸附等温线和吸附热力学

为了更好地理解 B-MMPC-3 对镉的吸附热力学,在不同温度(298~318 K)条件下,利用 B-MMPC-3 吸附不同浓度的镉溶液,计算平衡吸附量。基于吸附平衡数据,采用以下模型对实验数据进行拟合,结果见图 4-12 和表 4-3。

Langmuir 模型:

$$\frac{C_e}{q_e} = \frac{1}{bq_{e,max}} + \frac{C_e}{q_{e,max}} \tag{4-7}$$

$$R_L = \frac{1}{1+bC_0} \tag{4-8}$$

Freundlich 模型:

$$\lg q_e = \lg K_F + \frac{1}{n}\lg C_e \tag{4-9}$$

D-R 模型:

$$\ln q_e = \ln q_{e,max} - \beta R^2 T^2 \ln^2\left(1 + \frac{1}{C_e}\right) \tag{4-10}$$

式中　$q_{e,max}$——理论最大吸附量,mg/g;

　　　b——Langmuir 吸附平衡常数;

　　　R_L——无量纲常数;

　　　K_F——待定系数;

　　　β——平均吸附自由能系数;

　　　R——标准摩尔常数,8.314×10^{-3}J/(mol·K);

　　　T——反应温度,K;

　　　C_e——初始浓度,mg/L。

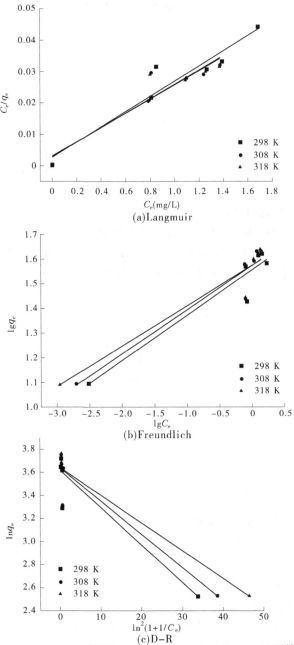

图 4-12　B-MMPC-3 对镉的 Langmuir、Freundlich 和 D-R 吸附等温线拟合

表 4-3　B-MMPC-3 对镉的吸附等温线参数

等温吸附模型		拟合参数		
		298 K	308 K	318 K
Langmuir	$q_{e,max}(mg/g)$	41.5	43.9	44.1
	$b(L/mg)$	8.61	7.36	7.32
	R^2	0.916	0.881	0.887
Freundlich	K_F	35.9	37.4	37.6
	N	0.183	0.179	0.164
	R^2	0.916	0.917	0.919
D-R	$\beta(\times10^{-9})$	5.21	4.27	3.43
	$q_{e,max}(mg/g)$	37.2	38.1	38.1
	R^2	0.886	0.885	0.887

为了研究热力学参数,在不同温度(298~318 K)条件下,利用 B-MMPC-3 吸附不同浓度的镉溶液(见图 4-11),并用以下公式对吸附平衡常数(K_d)、吉布斯自由能(ΔG^0)、焓变(ΔH^0)和熵变(ΔS^0)进行计算。

$$K_d = \frac{C_a}{C_e} \tag{4-11}$$

$$\ln K_d = \frac{\Delta S^0}{R} - \frac{\Delta H^0}{RT} \tag{4-12}$$

$$\Delta G^0 = -RT\ln K_d \tag{4-13}$$

式中　T——绝对温度,K;

　　　R——理想气体常数,8.314 J/(mol·K);

　　　C_a——吸附剂所吸附 Cd(Ⅱ)的浓度,mg/L。

根据式(4-12),ΔH^0 和 ΔG^0 分别可由 $1/T$ 对 $\ln K_d$ 作图的斜率和截距计算得到,计算结果如表 4-4 和图 4-13 所示。

表 4-4　不同温度下的热力学数据

ΔH^0 (kJ/mol)	ΔS^0 [J/(mol·K)]	ΔG^0(kJ/mol)		
		298 K	308 K	318 K
39.4	199.5	−20.1	−21.8	−24.1

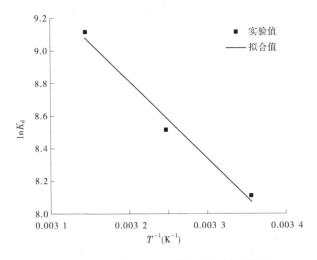

图 4-13　B-MMPC-3 对镉的吸附热力学图

由表 4-4 数据可知,ΔG^0 为负值,说明吸附过程是自发的、可行的。ΔH^0 为正值,说明吸附是吸热过程,温度升高有利于反应的进行,这与吸附等温线相符合,吸附过程的标准焓变为正值,主要是由于溶解于水的镉离子由水溶液向 B-MMPC-3 表面运动需要克服传质阻力,而克服传质阻力所需要的能量大于阳离子与吸附剂表面结合所放出的能量。ΔS^0 为正值说明反应增加了固液两相界面的无序度。

4.5　硼掺杂微介孔碳球对镉的吸附机制探究

4.5.1　吸附前后扫描电镜对比

图 4-14 中,对比 B-MMPC-3 吸附镉前后的 SEM,可以清楚地看出,吸附前后的硼掺杂微介孔碳球的形貌并未发生明显的变化,说明吸附的镉可能进入到了碳球的孔隙中。而且,表 4-5 为 B-MMPC-3 吸附镉前后的 EDS 含量。可以看出,吸附后镉元素的质量百分含量为 4.49%,验证了镉确实吸附在 B-MMPC-3 的表面。

(a)吸附前(SEM一)

(b)吸附前(SEM二)

(c)吸附后(SEM一)

图 4-14　B-MMPC-3 吸附前后的 SEM

(d)吸附后(SEM二)

续图 4-14

表 4-5　B-MMPC-3 吸附镉前后的 EDS 含量

元素种类	质量百分比(%)	
	吸附前	吸附后
B	6.46	6.97
C	90.43	84.48
O	3.11	4.06
Cd	—	4.49

4.5.2　吸附前后红外光谱对比

图 4-15 记录了 B-MMPC-3 吸附镉前后的红外光谱。由图 4-15 可以看出,吸附镉前后 B-MMPC-3 的红外光谱发生了明显的变化。吸附镉后,B-MMPC-3 在 667 cm^{-1} 处的峰值消失,可见硼原子参与了对镉的吸附。在 500~1 000 cm^{-1} 处峰值普遍增强,并出现了很多吸收峰,如在 625 cm^{-1}、690 cm^{-1}、742 cm^{-1}、811 cm^{-1}、890 cm^{-1} 处均出现了峰值,这代表 M—OH 或 M—O (M 代表金属离子) 数量增多,这可能是由 Cd—O 的形成引起的,在 1 633 cm^{-1}、1 118 cm^{-1} 和 3 442 cm^{-1} 处的吸收峰位移都没有发生明显的偏移,但吸收强度增强,这可能是由在吸附过程中—COOH、—OH 参与反应而引起数量

变化造成的。原 1 573 cm^{-1} 处的峰消失,这可能是 C ＝ O 与 Cd^{2+} 发生了结合。由吸附前后的 FTIR 对比可知,O—B—O、C ＝ O、—OH 等含硼和含氧官能团参与了 B-MMPC-3 对 Cd^{2+} 的吸附络合作用,发生这种现象的可能原因是:镉属于过渡金属,具有更大的配位键倾向,易于利用空位的 d 轨道与含氧的基团形成 d 轨道键,氧原子越多,形成配合物的倾向越大,以此就可以达到吸附目的。以上分析可知,官能团参与的化学吸附在 B-MMPC-3 吸附镉的过程中至关重要。

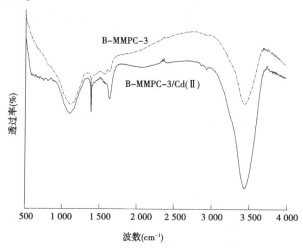

图 4-15 吸附镉前后 B-MMPC-3 的 FTIR 对比

4.5.3 吸附前后拉曼光谱对比

为表征吸附前后对 B-MMPC-3 石墨化程度及缺陷度的影响,采用拉曼光谱进行测试(见图 4-16)。位于 1 340 cm^{-1} 处的 D 峰对应于 B-MMPC-3 的缺陷程度,硼原子的引入及氯化锌活化都会使材料的混乱度增加,位于 1 580 cm^{-1} 处的 G 峰对应于 B-MMPC-3 的石墨化程度。吸附前,$I_D/I_G = 1.24$,吸附后 $I_D/I_G = 1.14$,这可能是由于附着在 B-MMPC-3 表面及孔内的镉导致 B-MMPC-3 的缺陷程度降低。结合上面的 SEM、FTIR 和 Raman 及 BET 分析,推测 B-MMPC-3 对镉的吸附机制主要存在着静电吸引、孔隙吸附和 O—B—O、C ＝ O、—OH 等官能团络合。

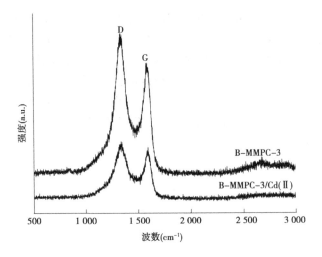

图 4-16　吸附镉前后 B-MMPC-3 的拉曼对比

4.6　结　论

本章选用蔗糖为碳源,硼酸为掺杂剂,利用水热和化学活化相结合的方法制备了硼掺杂微介孔碳球,并研究了其对水中金属镉的吸附特性和吸附机制,以及其对废水中镉的吸附动力学和吸附热力学,得出如下结论。

(1)SEM、XRD、Raman、FTIR 和 BET 证实,B-MMPC-3 为具有一定石墨化度的无定型微介孔结构的碳球,直径为 1~6 μm,比表面积和孔体积分别为 672.3 m^2/g 和 0.36 cm^3/g,表面含有 O—B—O、—OH、—COOH 和 C═O 等丰富的官能团,可以为镉提供更多的活性吸附位点,有利于提高 B-MMPC-3 对镉的吸附性能。

(2)硼掺杂的碳材料对镉的吸附效果比未掺杂硼的碳材料好,其中 B-MMPC-3 的吸附性能最佳。

(3)B-MMPC-3 对镉的吸附率随着时间的延长逐渐升高,吸附 12 h 后基本达到平衡;pH=5 时,吸附效果最好;吸附量随着镉初始浓度和温度的升高而增大;pH=5 时,镉初始浓度为 110 mg/L,吸附剂质量为 40 mg,取 50 mL 的镉溶液,在 298 K 下吸附 12 h,B-MMPC-3 对镉的吸附量高达 41.9 mg/g。

(4)准二级动力学模型证实 B-MMPC-3 对镉的吸附为化学吸附控制过程,并且过程中存在电子的转移,内扩散和 Boyd 模型表明粒子内扩散不是控制吸附速率的唯一因素;Freundlich 模型可以很好地拟合不同温度下的吸附过程,且吸附发生在异构表面;$0<R_L<1$,说明 B-MMPC-3 吸附镉为有利吸附。

(5)ΔG^0 范围为 $-20.1 \sim -24.1$ kJ/mol、$\Delta H^0 = 39.4$ kJ/mol、$\Delta S^0 = 199.5$ J/(mol·K),表明 B-MMPC-3 吸附废水中的镉为自发、吸热和熵增的过程。

(6)B-MMPC-3 对镉的吸附机制主要存在着静电吸引、孔隙吸附和官能团络合。

第5章　硼掺杂石墨烯对废水中铬的吸附性能及机制

5.1　引　言

重金属污染治理已是世界性难题,其中铬污染问题尤为严重,铬及其化合物广泛应用于冶金、电镀、印染等领域,是常见的有毒重金属之一。铬在水中的价态主要为六价,具有较强的迁移性,毒性是三价铬的100倍,对人体有致癌、致突变的危害。因此,如何高效经济地去除重金属铬成为当前研究的热点问题。目前,对重金属废水处理的方法有很多种,比如化学沉淀法、离子交换法、膜分离技术和吸附法等。吸附法因具有操作简单、成本低、能量消耗少、去除效率高、吸附容量大等优点,近年来应用非常广泛。吸附法的关键在于吸附剂的选择,目前常用的吸附剂主要有无机吸附剂、有机吸附剂、生物吸附剂、碳质吸附剂等。其中,碳质吸附剂性质稳定、来源广泛、价格低廉,从而备受科研工作者的青睐。

石墨烯作为一种新型碳材料,是一种以六元苯环为基本结构单元,采用sp^2杂化的只含碳原子的二维结构材料。石墨烯特有的结构使其具有大的比表面积、高的导电性、较高的电子迁移率和优良的力学性能等优点,在纳米电子学、生物传感器、储能材料、太阳能电池、吸附等领域都有着广泛的应用。例如,Yanhui Li 等利用石墨烯吸附废水中的氟化物,吸附容量可达 17.65 mg/g。Tan Shen 等将石墨烯制成薄膜,并用于太阳能电池,可提高太阳能的功率转换效率。Yanhui Li 等利用海藻酸钙对石墨烯进行改性,吸附亚甲基蓝,效果显著。Lengyuan Niu 等通过对石墨烯进行硼掺杂,研究其电容性能,得出硼掺杂石墨烯的电容性能可提高80%。另外,Lianjun Liu 和 Yong Wei 的实验结果也证实,氮掺杂石墨烯、硫掺杂石墨烯及氮硫双掺杂石墨烯对废水中的重金属离子(如 Pb^{2+}、Cd^{2+}、Cu^{2+}等)的吸附效果要远远大于未掺杂改性的石墨烯。

因此,本章选用硼元素作为掺杂原子对石墨烯进行改性,得到硼掺杂石墨烯(Boron-doped Graphene,B-G),利用静态吸附实验研究不同因素如硼掺杂量、pH、吸附剂投加量等对废水中 Cr(Ⅵ)吸附的影响,并对相关的吸附机制进行深入探究,以对含 Cr(Ⅵ)废水的处理提供理论基础和技术指导。

5.2 实验部分

5.2.1 原料与仪器

5.2.1.1 原料

盐酸、硫酸、硝酸(洛阳昊华化学试剂有限公司);硼酸(天津市科密欧化学试剂有限公司);磷酸(洛阳市化学试剂厂);丙酮(开封东大化工有限公司);无水乙醇(天津市风船化学试剂科技有限公司);重铬酸钾(天津市德恩化学试剂有限公司);二苯碳酰二肼(中国派尼化学试剂厂)。所有试剂均为分析纯。

5.2.1.2 仪器

电热鼓风干燥箱(101-1AB,天津市泰斯特仪器有限公司)、电子天平(FA2004B,上海市安亭电子仪器厂)、数控超声波清洗器(KQ-100DE,东莞市科桥超声波设备有限公司)、循环水式多用真空泵[SHZ-D(Ⅲ),巩义市科华仪器设备有限公司]、恒温振荡培养箱(EMS-4E,天津欧诺仪器仪表有限公司)、真空冷冻干燥机(FD-1-50,北京博医康实验仪器有限公司)、pH测定仪(PHS-3C,上海圣科仪器设备有限公司)、多点磁力搅拌器(CJB-S-5D,河南爱博特科技发展有限公司)、紫外可见分光光度计(TV-1810PC,北京普析通用仪器有限责任公司)、扫描电子显微镜(SIGMA 500,德国 ZEISS 公司)、X 射线衍射仪(D8 ADVANCE,德国 Bruker 公司)、比表面积及孔隙度分析仪(ASIQM 0010-4,美国 Quanta chrome 公司)、傅立叶变换红外光谱仪(Nicolet 6700,美国 Thermo Fisher 公司)、显微激光拉曼光谱仪(in Via Reflex,英国 Renishaw 公司)。

5.2.2 硼掺杂石墨烯的合成

采用水热法制备硼掺杂石墨烯,将氧化石墨烯(GO)加入超纯水超声 3 h,测浓度,然后稀释至 3 mg/L。分别向 100 mL 浓度为 3 mg/L 的氧化石墨烯中加入 0、1.5 g、3 g、4.5 g 硼酸,放入以聚四氟乙烯为内衬的水热罐中密封好,置于 180 ℃烘箱中水热 12 h,冷却至室温后抽滤,洗至中性,冷冻干燥 24 h,即可得到硼掺杂石墨烯(Boron-doped Graphene,B-G)。分别将上述四种加入 0、1.5 g、3 g、4.5 g 硼酸的样品命名为 G、B-G-1.5、B-G-3 和 B-G-4.5。

5.2.3 铬的静态吸附实验

准确称取干燥的重铬酸钾 0.282 9 g 置于 1 000 mL 容量瓶中,定容后得到 Cr(Ⅵ)储备液(0.1 g/L),实验所用溶液均由储备液稀释所得。分别量取 3 份 50 mL 所需浓度的 Cr(Ⅵ)溶液,放入 100 mL 锥形瓶中,加入一定量吸附剂,置于恒温振荡培养箱中,在一定温度下以 120 r/min 的速率振荡一定时间,将吸附后的溶液抽滤,采用二苯碳酰二肼分光光度法测定吸附后的 Cr(Ⅵ)浓度,计算吸附率和吸附量,计算公式为

$$\eta = \frac{C_0 - C_i}{C_0} \times 100\% \tag{5-1}$$

$$Q = \frac{V(C_0 - C_i)}{m} \tag{5-2}$$

式中　C_0——初始 Cr(Ⅵ)浓度,mg/L;

C_i——吸附后 Cr(Ⅵ)浓度,mg/L;

η——吸附率(%);

V——Cr(Ⅵ)溶液体积,L;

m——吸附剂质量,g;

Q——吸附量,mg/g。

5.2.4 硼掺杂石墨烯吸附铬的动力学实验

取 pH=2、浓度为 10 mg/L 的 Cr(Ⅵ)溶液 50 mL 于若干锥形瓶中,再加入 20 mg 的 B-G-3,放入恒温振荡培养箱中,振荡速率设为 120 r/min,温度设定在 298 K,在不同时间时取出,计算吸附量(q_t),并用动力学方程拟合相关实验数据。

$$q_t = (C_0 - C_t)V/m \tag{5-3}$$

式中　C_t——t 时刻的 Cr(Ⅵ)浓度,mg/L;

q_t——t 时刻的吸附量,mg/g;

其他字母含义同前。

5.2.5 硼掺杂石墨烯吸附铬的热力学实验

称取若干份 20 mg 的 B-G-3,加入到 50 mL、pH=2、浓度为 5~100 mg/L 的 Cr(Ⅵ)溶液中,吸附时间设定为 12 h,振荡速率 120 r/min,分别在温度为 298 K、308 K 和 318 K 的条件下进行实验,吸附后计算平衡吸附量(q_e),并用热力学方程及等温线方程拟合相关实验数据。

$$q_e = (C_0 - C_e)V/m \qquad\qquad (5\text{-}4)$$

式中　C_e——吸附平衡时 Cr(Ⅵ)的浓度,mg/L;

　　　q_e——平衡时的吸附量,mg/g;

　　　其他字母含义同前。

5.3　硼掺杂石墨烯的性能表征分析

5.3.1　扫描电镜分析

　　首先对 GO 和制得的 G、B-G-3 进行了扫描电镜分析,结果如图 5-1 所示。图 5-1(a)和(b)为 GO 的 SEM,GO 显示出一种褶皱和波纹状结构,这是由鳞片石墨剥落和再堆积过程中发生的变形造成的。图 5-1(c)和(d)为 G 的 SEM,图 5-1(e)和(f)为 B-G-3 的 SEM,从图中可以看出,未掺入硼的 G 呈纳米片状结构,表面有褶皱,片层直径为 10~20 μm,均匀堆叠,层次感强。而掺入硼的 B-G-3 纳米片状结构未见明显变化,表面褶皱多而蓬松,凹凸不平,片层间距略有扩大;这可能是由于硼原子外围的 3 个孤对电子打破了 C 原子的电中性,使 B-G-3 带电,片层之间的相互斥力发挥作用,从而出现了片层间距增大的现象。B-G-3 表面丰富的褶皱及大的片层间距,可以提供更多的吸附位点,从而有利于提升其对 Cr(Ⅵ)的吸附性能。

　　表 5-1 为由扫描电子显微镜的 EDS 能谱获得的 GO 和 B-G-3 中的元素含量。由表 5-1 可知,B-G-3 中碳元素含量为 84.07 at%,氧元素含量为 8.77 at%,与 GO 中 42.67 at%的氧含量相比有明显减少,说明 B-G-3 得到较好的还原。而且,B-G-3 中的硼元素含量为 7.16 at%,说明硼成功地掺杂到了 B-G-3 的碳骨架中。

5.3.2　X 射线衍射分析

　　图 5-2 是 G、B-G-1.5、B-G-3 和 B-G-4.5 的 XRD。由图 5-2 可知,掺杂 B 之后在 2θ 为 13°的位置出现了衍射峰,说明掺杂 B 使 B-G 产生了新的晶体结构。对 G 来说,2θ 为 24.4°的峰为(002)峰,也是碳的无定形衍射峰,可以看出衍射峰较宽,强度较弱,说明晶体结构完整性较低,无序度较大;2θ 为 42.4°的峰为(100)晶面的衍射峰,也可反映其石墨化的程度。对比 G,掺杂 B 之后的 B-G-1.5、B-G-3 和 B-G-4.5 衍射峰的位置基本不变,表明 G、B-G-1.5、B-G-3 和 B-G-4.5 均为部分石墨化的无定型结构碳。

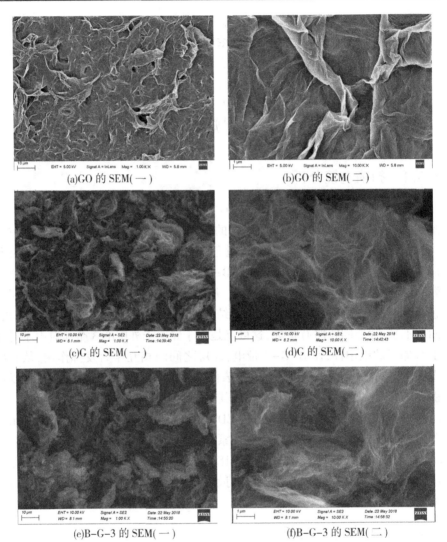

(a)GO 的 SEM(一)　　　　　　　(b)GO 的 SEM(二)

(c)G 的 SEM(一)　　　　　　　(d)G 的 SEM(二)

(e)B-G-3 的 SEM(一)　　　　　　(f)B-G-3 的 SEM(二)

图 5-1　GO、G 和 B-G-3 的 SEM

表 5-1　由 EDS 能谱获得的 GO 和 B-G-3 中的元素含量

元素	GO		B-G-3	
种类	重量百分比（wt%）	原子百分比（at%）	重量百分比（wt%）	原子百分比(at%)
C	50.19	57.33	82.27	84.07
O	49.81	42.67	11.43	8.77
B	—	—	6.30	7.16

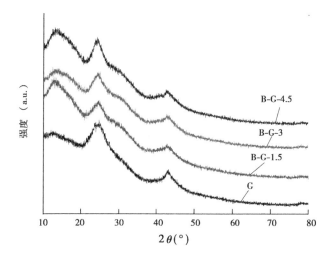

图 5-2 G、B-G-1.5、B-G-3 和 B-G-4.5 的 XRD

5.3.3 拉曼光谱分析

表征中利用拉曼光谱这种无损分析手段对 G、B-G-1.5、B-G-3 和 B-G-4.5 的结构进行深入的分析,结果见图 5-3。

从图 5-3 可以看出,G、B-G-1.5、B-G-3 和 B-G-4.5 在 1 350 cm^{-1}、1 590 cm^{-1} 处分别有一个特征峰,1 350 cm^{-1} 处的 D 峰是由石墨烯结构的缺陷和边缘产生的,用于表征还原氧化石墨烯的无序度;在 1 590 cm^{-1} 处的 G 峰是石墨烯的主要特征峰,反映有序性及易受应力影响;G、B-G-1.5、B-G-3 和 B-G-4.5 的 D 峰与 G 峰的强度比 I_D/I_G 分别为 1.08、1.16、1.23 和 1.29,从数值可以看出是逐渐增大的,因为掺杂硼之后会给石墨烯引入缺陷,在一定程度上增大 D 峰与 G 峰的强度比。

5.3.4 红外光谱分析

图 5-4 是 G 和 B-G-3 的红外光谱。由图 5-4 可见,分别在 658 cm^{-1}、1 154 cm^{-1}、1 568 cm^{-1}、1 628 cm^{-1}、3 444 cm^{-1} 处出现了吸收峰,在 600~700 cm^{-1} 处出现了多个吸收峰。其中,在 658 cm^{-1} 处出现的吸收峰是由 O—B—O 的伸缩振动引起的;在 1 154 cm^{-1} 处的峰是由 C—B 的振动引起的,较 G 在 1 197 cm^{-1} 处的吸收峰发生明显偏移;位于 1 568 cm^{-1} 处的峰是由 —COO$^-$ 的反对称伸缩振动引起的;位于 1 628 cm^{-1} 处的吸收峰是由 C=O 的振动引起

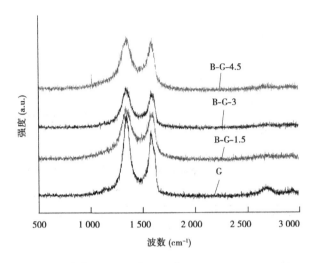

图 5-3　G、B-G-1.5、B-G-3 和 B-G-4.5 的拉曼光谱图

的,与 G 在该处的峰值、峰形都有较大区别;而在 3 444 cm^{-1} 处—OH 的伸缩振动峰峰值也较 G 明显增强。通过以上分析可以得出,在 B-G-3 表面的官能团有—COOH、—OH 和 C＝O,也可以证明石墨烯骨架中 B 元素的存在。这些 B-G-3 表面的含 O 和含 B 官能团可以提供更多的活性吸附位点,从而有益于废水中重金属离子的去除。

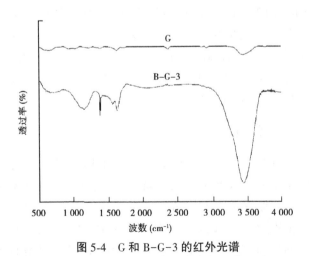

图 5-4　G 和 B-G-3 的红外光谱

5.3.5 比表面积分析

为了进一步表征 B-G-3 的微观结构,作者测试了 B-G-3 的氮气吸附-脱附等温线,如图 5-5(a)所示。根据 IUPAC 分类方法,B-G-3 的吸附-脱附等温线为典型的 IV 型,在 $P/P_0<0.1$ 时,吸附量有所增加,说明 B-G-3 中存在少量的微孔结构。在 P/P_0 大于 0.45 时,吸脱附曲线出现了分离,说明氮气在孔中凝聚,导致脱附滞后,说明 B-G-3 中存在介孔结构。由 BET 方法计算得出 B-G-3 的比表面积达到 192.14 m^2/g,孔体积达到 0.50 cm^3/g。运用 DFT 方法拟合出 B-G-3 的孔径分布,如图 5-5(b)所示。可以看出,B-G-3 在 0~2 nm 和 2~5 nm 各有一个明显的峰,表明其为典型的微介孔结构,这与吸附-脱附等温线的结果相吻合。根据文献可知,这种微介孔结构可提供很多的活性吸附位点,从而有利于对 Cr(VI)进行孔隙的物理吸附。

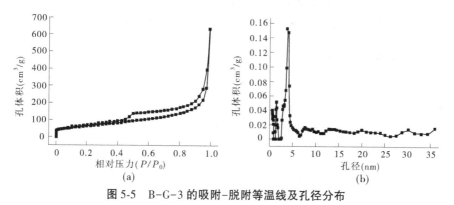

图 5-5 B-G-3 的吸附-脱附等温线及孔径分布

5.4 硼掺杂石墨烯对废水中铬的吸附性能

5.4.1 硼掺杂量的影响

分别称取 20 mg 的 G、B-G-1.5、B-G-3 和 B-G-4.5,加入到 10 mg/L 的 Cr(VI)溶液中,调节 pH=2,吸附时间 12 h,振荡速率 120 r/min,温度 25 ℃,吸附后测定 Cr(VI)溶液的浓度,计算吸附率,结果如图 5-6 所示。

由图 5-6 可知,B-G-3 的吸附率可达 80% 以上,吸附效果比较好,而 G、B-G-1.5 和 B-G-4.5 的吸附率分别为 49.88%、66.01% 和 70.38%,不如 B-G-3 的吸附效果。由此可见,硼掺杂对吸附起到了一定的效果,其原因可

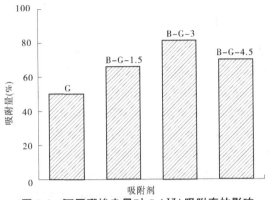

图 5-6　不同硼掺杂量对 Cr(Ⅵ)吸附率的影响

能是本征石墨烯是零带隙结构,而掺杂硼原子打开了石墨烯的零带隙,在石墨烯表面产生了缺陷,从而增加了 Cr(Ⅵ)的活性吸附位点。由于 B-G-3 的吸附效果是最好的,因此均选用 B-G-3 作为下列实验中的吸附剂。

5.4.2　初始 pH 的影响

将 10 mg/L 的 Cr(Ⅵ)溶液分别调 pH 等于 2、3、4、5、7、9,取 50 mL 不同 pH 的溶液,分别加入 20 mg 的 B-G-3,在 25 ℃、120 r/min 的条件下振荡吸附 12 h 后,计算吸附率和吸附量,如图 5-7 所示。

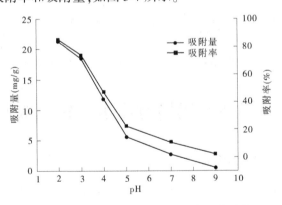

图 5-7　不同 pH 对 Cr(Ⅵ)吸附效果的影响

pH 是影响水中重金属离子的重要参数之一,因为它影响吸附剂的溶解度、吸附剂官能团上的离子浓度和吸附剂在反应过程中的电离度。从图 5-7 可以看出,初始 pH 明显影响 B-G-3 去除 Cr(Ⅵ)的能力,吸附率和吸附量都与 pH 呈相反趋势。pH 为 2 时,吸附率为 85.15%,吸附量为 21.3 mg/g,均为最高;碱性条件下对 Cr(Ⅵ)的吸附率和吸附量都极低,在 pH 为 9 时,吸附率只有 2.3%,吸附量只有 0.6 mg/g。其原因可能有:一是在较低 pH 下,Cr(Ⅵ)会发生反应[见(式 5-5)]被还原为 Cr(Ⅲ),或 Cr(Ⅵ)与 B-G-3 发生表面还原作用成为 Cr(Ⅲ),Cr(Ⅲ)与 B-G-3 的官能团之间存在离子交换行为和螯合作用被吸附在其表面;二是在水溶液中,pH 为 1~6,Cr(Ⅵ)主要以 $HCrO_4^-$ 的形式存在,pH 在 6 以上,CrO_4^{2-} 占主导,而 $HCrO_4^-$ 才是参与还原吸附作用的主要离子,而且随着 pH 的不断升高,OH^- 的增多阻碍了体相中 CrO_4^{2-} 向 B-G-3 扩散,导致吸附率下降;三是 B 的掺入替代了石墨烯中 C 原子的位置,B 的电负性是 2.04,C 的电负性是 2.55,C 吸引电子能力更强,致使 C 原子带负电,更有利于 C 原子通过静电引力吸附被还原的 Cr(Ⅲ)。因此,B-G-3 吸附 Cr(Ⅵ)的最佳 pH 为 2。

$$Cr_2O_7^{2-} + 6e^- + 14H^+ = 2Cr^{3+} + 7H_2O \tag{5-5}$$

5.4.3　吸附剂投加量的影响

分别向 pH=2、50 mL、10 mg/L 的 Cr(Ⅵ)溶液中加入 5 mg、10 mg、15 mg、20 mg、30 mg、40 mg、50 mg 的 B-G-3,置于条件为 25 ℃、120 r/min 的恒温振荡培养箱中振荡吸附 12 h。取出后过滤,测定吸附后 Cr(Ⅵ)的浓度,并计算不同 B-G-3 投加量时 Cr(Ⅵ)的吸附率和吸附量,结果如图 5-8 所示。

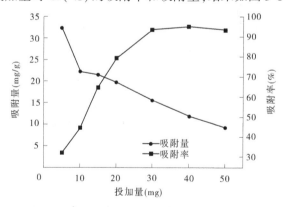

图 5-8　B-G-3 投加量对 Cr(Ⅵ)吸附效果的影响

由图 5-8 可知,吸附率随着投加量的增加而增大,在加入 B-G-3 的量为 30 mg、40 mg 和 50 mg 时,吸附率分别为 93.63%、94.99%、93.35%,投加量为

20 mg 的吸附率也在 80% 左右。吸附量与 B-G-3 投加量呈负相关,投加量为 5 mg 时,吸附量为 32.4 mg/g;投加量为 10 mg、15 mg 和 20 mg 时,吸附量都在 20 mg/g 左右;当 B-G-3 的投加量分别为 30 mg、40 mg 和 50 mg 时,Cr(Ⅵ)的吸附量逐渐降低。

5.4.4　吸附时间的影响

向 pH=2 的 50 mL,10 mg/L 的 Cr(Ⅵ)溶液中加入 20 mg 的 B-G-3,在 25 ℃、120 r/min 的振荡速率下,分别吸附 1 min、3 min、5 min、10 min、15 min、30 min、60 min、120 min、240 min、420 min、720 min、960 min、1 200 min 和 1 440 min,在不同时间间隔取出相应的锥形瓶过滤,对所得水样进行稀释并测其吸光度。根据铬标准曲线和相关公式计算得出不同时间时 B-G-3 的吸附率和吸附量,结果示于图 5-9。

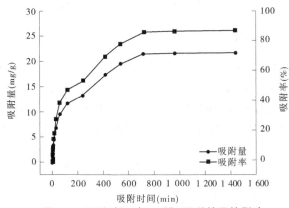

图 5-9　吸附时间对 Cr(Ⅵ)吸附效果的影响

由图 5-9 可知,吸附时间的长短对 B-G-3 吸附水中 Cr(Ⅵ)的影响非常明显,随着吸附时间的延长,B-G-3 的吸附率也逐渐增大,吸附量也不断增大。在吸附时间达到 12 h 之后,B-G-3 的吸附率稳定在 86% 左右,吸附量稳定在 21.4 mg/g 左右。吸附时间短,溶液中的 Cr(Ⅵ)去除的相对少;反之,随着吸附时间的延长,溶液中的 Cr(Ⅵ)被吸附的自然会增多,当吸附时间不断延长到某一时刻,B-G-3 的吸附位点完全被 Cr(Ⅵ)占据,吸附达到平衡,废水中的 Cr(Ⅵ)浓度不再变化。由以上分析可知,B-G-3 吸附 Cr(Ⅵ) 12 h 基本可以达到吸附平衡。

5.4.5　铬初始浓度的影响

向若干 100 mL 锥形瓶中加入 pH＝2,初始浓度分别为 5 mg/L、10 mg/L、20 mg/L、30 mg/L、40 mg/L、50 mg/L、60 mg/L 的 Cr(Ⅵ)溶液,加入 20 mg 的 B-G-3,在 25 ℃、120 r/min 的振荡速率下吸附 12 h。取出后过滤,测定吸附后 Cr(Ⅵ)浓度,计算相关吸附率和吸附量,计算结果如图 5-10 所示。

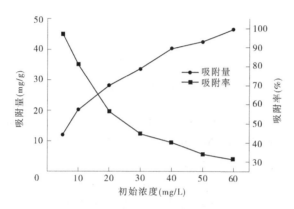

图 5-10　铬初始浓度对 Cr(Ⅵ)吸附效果的影响

由图 5-10 可知,随着 Cr(Ⅵ)浓度的增大,B-G-3 的吸附率在变小,而吸附量却在变大。可能原因是:在 B-G-3 碳加量和其他条件都相同的情况下,Cr(Ⅵ)浓度较小时,B-G-3 有足够的吸附位点(如孔隙和表面官能团等)吸附六价铬离子,此时吸附量较小而吸附率较大;随着溶液中 Cr(Ⅵ)浓度的不断增大,B-G-3 的吸附位点逐渐被六价铬离子占满,不能再继续吸附,此时吸附达到饱和,吸附量达到最大值。

5.4.6　温度的影响

向若干 100 mL 锥形瓶中加入 pH＝2,初始浓度分别为 5 mg/L、10 mg/L、20 mg/L、30 mg/L、40 mg/L、50 mg/L、60 mg/L、70 mg/L、80 mg/L 和 100 mg/L 的 Cr(Ⅵ)溶液,加入 20 mg 的 B-G-3,分别在 25 ℃、35 ℃ 和 45 ℃ 的恒定温度下,以 120 r/min 的振荡速率振荡吸附 12 h。吸附完成后根据相关公式计算得出 B-G-3 对 Cr(Ⅵ)的吸附量,如图 5-11 所示。

由图 5-11 可知,不同温度对吸附效果的影响较大,在 Cr(Ⅵ)浓度为 40

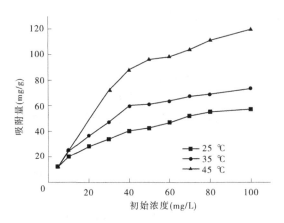

图 5-11　温度对 Cr(Ⅵ)吸附效果的影响

mg/L,温度为 25 ℃、35 ℃ 和 45 ℃ 下吸附量分别达到 40.3 mg/g、55.9 mg/g 和 88.4 mg/g,升高温度促进了 B-G-3 对 Cr(Ⅵ)的吸附,说明吸附过程伴随着热交换。而且,在 Cr(Ⅵ)浓度为 100 mg/L,温度为 45 ℃下,B-G-3 对 Cr(Ⅵ)的吸附量高达 119.5 mg/g。在相同初始浓度下,温度升高,吸附量随之增加。可能的原因是:温度的升高使得吸附剂表面可利用的活性位点增多或者使吸附质的扩散速率增高。此外,Tan 等认为温度的升高会降低溶液的黏性,增加了吸附质穿过边界层和吸附剂孔内部的扩散速率,从而使吸附量增加。

5.5　硼掺杂石墨烯对废水中铬的吸附机制探究

5.5.1　硼掺杂石墨烯对铬的吸附动力学

为研究 B-G-3 吸附 Cr(Ⅵ)的动力学行为,对图 5-9 所得实验数据进行动力学拟合,分别采用准一级动力学模型[式(5-6)]、准二级动力学模型[式(5-7)]和粒子内扩散模型[式(5-8)]来拟合相关的实验数据,以研究吸附速率和吸附机制,结果示于图 5-12 和表 5-2。

$$\ln(q_e - q_t) = \ln q_e - k_1 t \tag{5-6}$$

$$\frac{t}{q_t} = \frac{1}{k_2 q_e^2} + \frac{1}{q_e}t \tag{5-7}$$

$$q_t = k_p t^{1/2} + C \tag{5-8}$$

式中　t——吸附时间,min;

　　　k_1——准一级动力学常数,$\min^{-1}$;

　　　k_2——准二级动力学常数,$g/(mg \cdot min)$;

　　　k_p——粒子内扩散速率常数,$mg/(g \cdot min^{1/2})$;

　　　C——涉及边界层厚度,界面越大,边界层效应越大。

　　从图 5-12(a)和(b)可知,准二级动力学拟合 B-G-3 吸附 Cr(Ⅵ)的过程相关性较好。而且,从相关系数 R^2 来看(见表 5-2),准二级动力学方程的 R^2 最高,为 0.992,平衡吸附量为 22.7 mg/g,与实验平衡吸附量(21.7 mg/g)很接近。准一级动力学方程的 R^2 为 0.899,但拟合的平衡吸附量为 16.9 mg/g,与实验值有很大出入。因此,用准二级动力学模型拟合 B-G-3 对 Cr(Ⅵ)的吸附行为是可行的,且化学吸附起主要作用,其中官能团吸附是 B-G-3 吸附 Cr(Ⅵ)的控速步骤,吸附过程中存在电子的转移,这与李蕾的研究结果相一致。

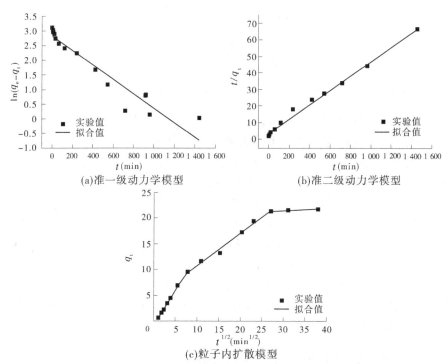

(a)准一级动力学模型

(b)准二级动力学模型

(c)粒子内扩散模型

图 5-12　准一级动力学、准二级动力学和粒子内扩散模型

表 5-2　动力学模型拟合参数

吸附动力学模型		拟合参数	
准一级		$k_1(\text{min}^{-1})$	0.002 50
		$q_{e,cal}(\text{mg/g})$	16.9
		$q_{e,exp}(\text{mg/g})$	21.7
		R^2	0.899
准二级		$k_2[\text{g/(mg}\cdot\text{min)}]$	0.000 584
		$q_{e,cal}(\text{mg/g})$	22.7
		$q_{e,exp}(\text{mg/g})$	21.7
		R^2	0.992
粒子内扩散	一阶段	$k_p[\text{mg/(g}\cdot\text{min}^{1/2})]$	1.34
		R^2	0.997
	二阶段	$k_p[\text{mg/(g}\cdot\text{min}^{1/2})]$	0.646
		R^2	0.979
	三阶段	$k_p[\text{mg/(g}\cdot\text{min}^{1/2})]$	0.025 7
		R^2	0.784

　　从粒子内扩散模型[见图 5-12(c)]看出,$t^{1/2}$ 与 q_t 的关系曲线不符合线性关系,而是呈分段线性关系,说明在吸附过程中存在着多种吸附反应机制。初始阶段,属于膜扩散阶段,曲线上升较快,吸附比较迅速,大约在 60 min 内完成,发生在外表面吸附区域,为物理吸附,溶液中较高浓度的 Cr(Ⅵ)为 Cr(Ⅵ)向 B-G-3 转移提供了足够的驱动力。随着反应的进行,由于内扩散效应,吸附逐渐变缓,这一阶段被称为渐进式吸附阶段,这可能是由吸附的初始阶段和最后阶段的传质速率的差异造成的,该过程主要是官能团的化学吸附。最后阶段的曲线斜率最小,这是由于随着吸附 Cr(Ⅵ)的活性位点逐渐减少,吸附最终达到平衡。因此,由粒子内扩散模型可知,开始阶段 B-G-3 对 Cr(Ⅵ)的吸附由膜扩散控制,随着 Cr(Ⅵ)不断负载到 B-G-3 的表面,吸附过程变成粒子内扩散控制。

5.5.2　硼掺杂石墨烯对铬的吸附等温线

　　为研究 B-G-3 对 Cr(Ⅵ)的等温吸附过程,进行了 B-G-3 吸附

Cr(Ⅵ)的热力学实验(见图 5-11),采用 Langmuir［式（5-9）和式（5-10）］、Freundlich［式(5-11)］和 Temkin［式(5-12)］吸附等温方程来拟合相关的实验数据,以研究吸附剂 B-G-3 吸附的 Cr(Ⅵ)与未吸附的 Cr(Ⅵ)之间的平衡关系,结果示于表 5-3 和图 5-13。

$$\frac{C_e}{q_e} = \frac{1}{bq_{e,\max}} + \frac{C_e}{q_{e,\max}} \tag{5-9}$$

$$R_L = \frac{1}{1 + bC_0} \tag{5-10}$$

$$\lg q_e = \lg K_F + \frac{1}{n}\lg C_e \tag{5-11}$$

$$q_e = B\ln A + B\ln C_e \tag{5-12}$$

式中　$q_{e,\max}$——理论最大吸附量,mg/g;

　　　b——Langmuir 吸附平衡常数;

　　　R_L——无量纲常数;

　　　K_F——待定系数;

　　　B、A——Temkin 吸附等温常数。

表 5-3　不同等温线方程拟合参数

$T(K)$	Langmuir			Freundlich			Temkin		
	$q_{e,\max}$ (mg/g)	b (L/mg)	R^2	K_F	n	R^2	A	B	R^2
298	60.2	0.123	0.969	18.2	3.95	0.980	14.7	7.29	0.879
308	75.8	0.218	0.992	40.1	8.19	0.872	3 889	5.28	0.786
318	119	0.480	0.992	61.9	5.99	0.925	112	13.3	0.960
平均	—	—	0.984	—	—	0.926	—	—	0.875

从表 5-3 和图 5-13 可以看出,Langmuir 模型和 Freundlich 模型对实验数据拟合得都较好,这可能是由于 B-G-3 有均匀的表面结构和吸附位点,它们发生了单分子层吸附,这与石墨烯原有的片状结构有关。但 B 的掺入会给 G 带来缺陷,使 G 表面和孔隙发生变形,且这种缺陷不均匀,导致部分吸附是非均匀的,吸附分子间也出现了相互作用力,从而对吸附 Cr(Ⅵ)起到一定作用,这与之前扫描电镜和红外表征的结果相一致。但从不同温度下拟合方程的 R^2 看,Langmuir 方程拟合的结果更加符合实验结果,相关系数 R^2 都在 0.96

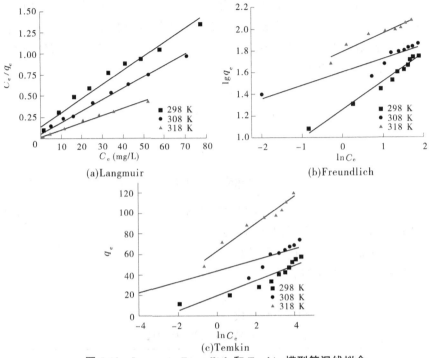

图 5-13　Langmuir、Freundlich 和 Temkin 模型等温线拟合

以上,平均 R^2 是 0. 984,在 298 K、308 K 和 318K 时最大吸附量分别为 60. 2 mg/g、75. 8 mg/g 和 119 mg/g,这说明 B-G-3 是一种优良的吸附剂。根据式(5-10)计算,得到 R_L 为 0. 02~0. 62,说明 B-G-3 吸附 Cr(Ⅵ)是有利吸附。Temkin 模型在不同温度下拟合的相关系数 R^2 是 0. 875,说明其不能很好地描述 B-G-3 吸附 Cr(Ⅵ)的过程。

5.5.3　硼掺杂石墨烯对铬的吸附热力学

为了评估温度对 B-G-3 吸附 Cr(Ⅵ)过程的影响,进行了相关的热力学计算,以判断 B-G-3 吸附 Cr(Ⅵ)的可行性及吸附过程中的热量和混乱度变化,常见的热力学参数包括吉布斯自由能(ΔG^0)、焓变(ΔS^0)、熵变(ΔH^0)和分配系数(K_d)[式(5-13)、式(5-14)及式(5-15)],结果见图 5-14 和表 5-4。

$$K_d = \frac{C_a}{C_e} \tag{5-13}$$

$$\ln K_d = \frac{\Delta S^0}{R} - \frac{\Delta H^0}{RT} \tag{5-14}$$

$$\Delta G = -RT\ln K_{\mathrm{d}} \qquad (5\text{-}15)$$

式中　T——绝对温度,K;

　　　R——理想气体常数,8.314 J/(mol・K);

　　　C_{a}——吸附剂所吸附 Cr(Ⅵ)的浓度,mg/L。

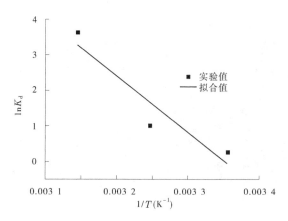

图 5-14　B-G-3 吸附 Cr(Ⅵ)的热力学图

表 5-4　不同温度下的热力学数据

ΔH^0 (kJ/mol)	ΔS^0 [J/(mol・K)]	ΔG^0 (kJ/mol)		
		298 K	308 K	318 K
132	441	−0.650	−2.59	−9.60

由图 5-14 可知,实验值和拟合值相关性较好,说明热力学参数的计算结果具有一定的准确性。由表 5-4 可知,$\Delta H^0>0$,说明 B-G-3 吸附 Cr(Ⅵ)的过程是吸热反应,升高温度有利于吸附的进行;$\Delta G^0<0$,证明了反应的可行性和自发性;$\Delta S^0>0$,则反映了 Cr(Ⅵ)在 B-G-3 上固液界面无序性的增加。

5.5.4　硼掺杂石墨烯对铬的吸附机制

5.5.4.1　吸附铬前后扫描电镜分析

图 5-15 为 B-G-3 吸附 Cr(Ⅵ)前后的 SEM 对比图,可以看出吸附后 B-G-3 仍为纳米片状结构,表面有很多褶皱,形貌基本上没有发生改变,说明吸附的 Cr(Ⅵ)很可能进入到 B-G-3 的孔隙中。图中的插入图为由 EDS 面

扫得到的吸附 Cr(Ⅵ)前后 B-G-3 中的元素含量,可以看出吸附后,硼的原子含量从 7.16% 降到 6.16%,这可能是由于含 B 官能团与铬发生了反应,导致其含量降低;氧原子的含量从 8.77% 上升到 12.42%,说明了 B-G-3 中的含氧官能团在吸附过程中与 $HCrO_4^-$ 发生了结合;吸附后出现了铬元素,含量为 0.78%,说明 B-G-3 确实对 Cr(Ⅵ)进行了吸附。

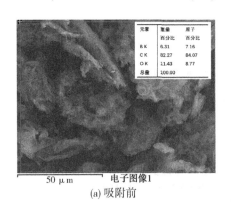
(a) 吸附前

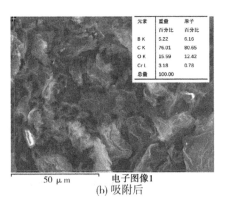
(b) 吸附后

注:插入图为 EDS 元素含量。

图 5-15　吸附铬前后 B-G-3 的 SEM 对比图

5.5.4.2　吸附铬前后红外光谱对比

从图 5-16 可知,C—O 的伸缩振动峰从 1 383 cm^{-1} 移至 1 384 cm^{-1},原 1 568 cm^{-1} 处的 C＝O 的伸缩振动峰消失,推断是—COOH 参与吸附过程并且消耗了氧原子;在 3 444 cm^{-1} 处的—OH 的吸收峰移动到 3 441 cm^{-1},说明—OH 中的氧原子与 Cr(Ⅵ)发生络合使键长加强。因此推测,B-G-3 对 Cr(Ⅵ)的吸附过程中有含氧官能团的参与。Cr(Ⅵ)在 B-G-3 的表面上与正电荷基团接触,官能团中的氧提供电子将 Cr(Ⅵ)还原成 Cr(Ⅲ),然后 Cr(Ⅲ)与正电荷基团排斥脱离,并与官能团发生络合。

5.5.4.3　吸附铬前后 XRD 对比

由图 5-17 可知,B-G-3 在吸附 Cr(Ⅵ)前后,各衍射峰的位置基本不变,这说明吸附后 B-G-3 的无定型碳结构保持不变。结合 B-G-3 的比表面积分析,推测吸附的 Cr(Ⅵ)进入到 B-G-3 的孔隙中,即孔隙的物理吸附在 Cr(Ⅵ)的吸附过程中起到了比较关键的作用。

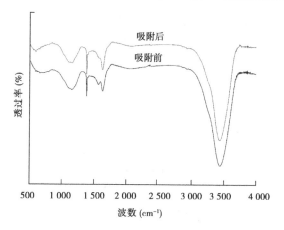

图 5-16　吸附铬前后 B-G-3 的红外光谱

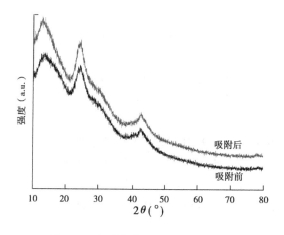

图 5-17　吸附铬前后 B-G-3 的 XRD

5.5.4.4　吸附铬前后拉曼光谱

图 5-18 中,吸附前后,B-G-3 在 1 350 cm^{-1}(D 峰)和 1 590 cm^{-1}(G 峰)左右都有一个特征峰。一般 D 峰是由碳结构的缺陷、孔隙和官能团等产生的,表示缺陷程度和无序性;G 峰为碳结构的 sp^2 特征峰,表示对称性和结晶度,且通常以 D 峰与 G 峰的强度比(I_D/I_G)来表示缺陷密度。通过计算,吸附前 B-G-3 的 I_D/I_G 为 1.23,在吸附完 Cr(Ⅵ)后,I_D/I_G 降低到 1.17,说明对 Cr(Ⅵ)的吸附在一定程度上改善了 B-G-3 的缺陷。结合前述 SEM、FTIR、XRD、拉曼光谱及比表面积分析,推测 B-G-3 对 Cr(Ⅵ)的吸附机制主要为微

介孔的物理吸附、表面含氧及含硼官能团的化学吸附。

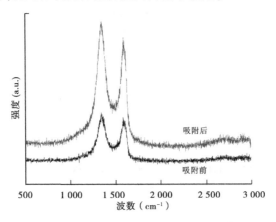

图 5-18　吸附铬前后 B-G-3 的拉曼光谱

5.6　结　论

以硼酸为掺杂剂、氧化石墨烯为前驱体,通过水热法一步制备出硼掺杂石墨烯,并研究其对废水中 Cr(Ⅵ)的吸附性能、吸附机制、吸附动力学和热力学,得出以下结论。

(1)SEM、XRD、Raman、FTIR 和 BET 检测表明,B-G-3 为具有微介孔结构的纳米片状无定型碳,比表面积和孔体积分别为 192.14 m^2/g 和 0.50 cm^3/g,具有丰富的褶皱和大的片层间距,且表面带有含 O 和含 B 官能团,这些特性使得 B-G-3 可以提供更多的活性吸附位点,从而提升其对 Cr(Ⅵ)的吸附性能。

(2)硼掺杂可显著提升 G 对 Cr(Ⅵ)的吸附性能,其中 B-G-3 对 Cr(Ⅵ)的吸附效果最好,吸附效率可达 80%以上。

(3)pH 对 Cr(Ⅵ)的吸附影响较大,最佳 pH 为 2;吸附率随着投加量的增加而增大,吸附量随着 Cr(Ⅵ)初始浓度的增大而增大;温度升高有利于吸附的进行;当 pH=2,吸附剂投加量为 20 mg,Cr(Ⅵ)初始浓度为 100 mg/L,45 ℃条件下吸附 12 h,B-G-3 对 Cr(Ⅵ)的吸附量高达 119.5 mg/g。

(4)准二级动力学模型更能准确地反映 B-G-3 吸附 Cr(Ⅵ)的过程,化学吸附起主导作用,吸附过程中存在电子的转移;粒子内扩散模型表明,吸附的速率由膜扩散和内扩散共同控制。吸附等温线模型表明,吸附过程既有单分子层吸附又存在非均匀吸附,不同温度下的等温线模型更符合 Langmuir 等温式;$0<R_L<1$,说明 B-G-3 吸附 Cr(Ⅵ)为有利吸附。

(5)热力学参数 $\Delta G_0<0$,$\Delta H_0>0$,$\Delta S_0>0$,表明 B-G-3 吸附 Cr(Ⅵ)的过程是自发的、吸热的熵增反应。

(6)B-G-3 吸附 Cr(Ⅵ)前后的检测对比表明,吸附机制主要为微介孔的物理吸附、表面含氧及含硼官能团的化学吸附。

第6章　氮硫双掺杂微介孔碳片
高效去除废水中的铬

6.1　引　言

　　近年来,有毒重金属(Cr、As、Hg、Cu、Pb、Ni 和 Cd)的遗传毒性、肾毒性、致癌性和在食物链中的生物蓄积性,给人类带来了严重的生态环境和健康问题,也引起了科研工作者的极大兴趣。铬(Cr)是最有害的重金属之一,主要来源于采矿、金属加工、皮革制造、色素生产、电镀和木材防腐等。一般来说,铬在自然界中有两种常见的氧化状态:六价铬[Cr(VI)]和三价铬[Cr(III)]。据报道,通过口服进入到人体中的 Cr(VI)化合物的毒性是 Cr(III)化合物的10~100 倍,并可在人体内永久累积。由于 Cr(VI)具有致癌性和致突变性,长期接触 Cr(VI)可引起皮肤过敏、肺癌、呼吸器官衰竭、染色体异常和 DNA 损伤等。根据美国环境保护局(USEPA)的规定,向地表水系统排放的 Cr(VI)的最大允许浓度为 0.05 mg/L。因此,探索各种去除废水中的 Cr(VI),或将Cr(VI)还原为 Cr(III)再排放到环境中的技术势在必行。

　　在过去几十年中,去除水溶液中 Cr(VI)的方法主要包括化学还原、吸附、电化学沉积、溶剂萃取、膜分离和光催化等。在这些方法中,吸附法因具有效率高、成本低、操作简单、所需化学试剂少和环境友好等明显优点,成为最常用的方法之一。此外,选择低成本、高效的吸附剂是吸附技术的关键环节。生物质碳材料具有成本低、可再生、结构多样、化学稳定性好和可引入多种官能团等优点,是去除废水中重金属最有潜力的吸附剂之一。迄今为止,用于含Cr(VI)废水净化的生物质碳材料的碳源已报道有多种,包括稻草、活性污泥、浒苔、黑木耳渣、柳树渣、核桃壳、甘蔗渣和锌污染的玉米秸秆等。尽管生物质派生碳材料具有孔隙率高、比表面积大、表面自由能大等特点,但其表面官能团的亲水性或疏水性较差,这导致了其含有较少的活性吸附位点,从而降低了对废水中污染物的吸附能力,尤其是对以阴离子形式存在的金属的吸附能力更差。因此,寻找一种高效的改性技术来提高生物质碳材料的吸附性能是十分必要的。

　　近年来,向碳材料中引入掺杂原子(如 N、F、S、P、B)开始引起重金属废水处理领域的学者越来越多的关注。例如,由于电子吸引效应,在 sp^2 碳结构中引入 N 元素可以显著增加相邻 C 原子上的正电荷密度,从而可通过静电吸引作用提高对 Cr(Ⅵ)(在水溶液中主要以含氧阴离子的 $Cr_2O_7^{2-}$、CrO_4^{-2} 和 $HCrO_4^-$ 形式存在)的吸附量。此外,据报道,氮掺杂碳材料的含氮官能团可以将 Cr(Ⅵ)还原为 Cr(Ⅲ),然后在它们之间形成螯合物,从而显著降低溶液中 Cr(Ⅵ)的浓度。除了 N 原子单掺杂,一些研究还发现,S 原子单掺杂可以通过 S 表面的孤对电子的极化作用增强掺杂碳材料的自旋密度和化学活性,从而大大提高重金属与 S 掺杂碳材料的亲和力。例如,Dipendu Saha 等通过软模板法合成硫功能化有序介孔碳,可有效去除废水中的 Hg^{2+}、Pb^{2+}、Cd^{2+} 和 Ni^{2+}。Kong 等也证明,S 掺杂的 3D 石墨烯气凝胶对有毒重金属离子(包括 Cu^{2+}、Cd^{2+}、Hg^{2+} 和 Pb^{2+})具有良好的去除效率和循环再生性能。

如前所述,单原子掺杂碳可以提高重金属的吸附性能。因此,如果同时在碳骨架中加入两种或两种以上的掺杂原子,掺杂原子与重金属离子之间可能存在协同作用,从而更有利于重金属的去除。然而,研究表明,目前报道的大多数共掺杂碳材料主要应用于电化学储能领域,例如氮氧双掺杂多孔碳,氮硫双掺杂石墨烯基多孔碳,氮氟双掺杂介孔石墨烯,氮硼双掺杂弯曲石墨烯纳米带及石墨烯@氮磷双掺杂多孔碳等。因此,在上述工作的启发下,本部分研究旨在合成一种制备简单、吸附性能优良的双原子掺杂生物质派生碳材料。这是首次制备两个杂原子共掺杂的生物质派生碳材料,并将其用于常规重金属废水处理。

因此,本部分研究以丝瓜络为绿色碳前驱体,热解后经化学活化和水热处理,制备了氮硫双掺杂微介孔碳片(Nitrogen and Sulfur codoped Micro-Mesoporous Carbon Sheets,N, S - MMCSs),并研究了 N, S - MMCSs 对目标重金属 Cr(Ⅵ)的吸附特性及机制。具体的研究目的如下:

(1)表征 N, S - MMCSs 的理化性质,如形貌、结构和化学成分等。

(2)考察吸附剂种类、pH、吸附剂投加量、Cr(Ⅵ)初始浓度、温度和时间对 Cr(Ⅵ)吸附效果的影响。

(3)研究了吸附等温线、吸附热力学和吸附动力学模型,阐明了 N, S - MMCSs 对 Cr(Ⅵ)的吸附机制。

(4)通过各种表征分析和密度泛函理论(DFT)计算,提出了合适的 N, S - MMCSs 吸附 Cr(Ⅵ)的机制。这项工作不仅为丝瓜络的循环利用开辟了一条经济可行、前景广阔的道路,而且为废水中 Cr(Ⅵ)的去除提供了一条有效的途径,具有较高的应用价值。

6.2　实验材料和方法

6.2.1　材料

丝瓜络来自郑州植物园。磷酸(H_3PO_4, ≥85.0 wt%)和1,5-二苯碳酰二肼($C_{13}H_{14}H_4O$)由益丰化工有限公司提供,硫脲(CH_4N_2S)、尿素(CH_4N_2O)、硫化钠(Na_2S)、氢氧化钠($NaOH$)和氢氧化钾(KOH)采购于天津丰川化学试剂技术有限公司,盐酸(HCl,36.0 wt%~38.0 wt%)、硫酸(H_2SO_4,98.0 wt%)来自洛阳昊华化学试剂有限公司,丙酮(CH_3COCH_3)来自北京化工有限公司,重铬酸钾($K_2Cr_2O_7$)购自天津迪恩化学试剂有限公司。在分批实验中用蒸馏水制备溶液。所有化学试剂均按原样使用,未做任何特殊预处理。

6.2.2　吸附剂制备

以丝瓜络为原料,热解后经化学活化和水热处理制备了N,S-MMCSs。具体方案示意如图6-1所示,首先用去离子水清洗丝瓜络并干燥,随后将丝瓜络放入以氮气作保护气体的管式炉中,设置升温速度为5 ℃/min,并在400 ℃下保温2 h。然后将质量比为1:3的氢氧化钾和碳前驱体混合均匀,在800 ℃下以5 ℃/min的升温速度活化1.5 h。最后,用稀盐酸清洗活化后的样品,除去碱残渣,再用大量去离子水冲洗至中性,然后将活化后的样品在105 ℃下在真空干燥室内干燥12 h,得到微介孔碳片。

将所得的MMCSs(1 g)和硫脲(0.1 g)完全分散在蒸馏水中(70 mL),剧烈搅拌30 min,然后超声处理100 min。随后,将混合物转移到以聚四氟乙烯为内衬的不锈钢密封高压反应釜(100 mL)中,在180 ℃下水热处理24 h。最终,过滤并用去离子水洗涤几次,然后在105 ℃下干燥12 h以获得N,S-MMCSs。此外,为了研究不同官能团(含氮官能团和含硫官能团)对Cr(Ⅵ)吸附性能的影响,单一杂原子掺杂碳材料氮掺杂微介孔碳片(Nitrogen-doped Micro-Mesoporous Carbon Sheets, N-MMCSs)和硫掺杂微介孔碳片(Sulfur-doped Micro-Mesoporous Carbon Sheets, S-MMCSs),分别使用尿素和硫化钠作为掺杂剂,也通过上述类似方法合成,并作为对照样品。

6.2.3　材料表征

用场发射扫描电子显微镜(FE-SEM,FEI Quanta 250 FEG,美国)结合能

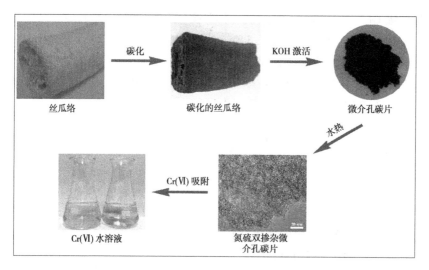

图 6-1　N,S-MMCSs 制备方案示意

谱仪(EDS)和透射电子显微镜(TEM,FEI Tecnai g20,美国)观察了 N-MMCSs、S-MMCSs 和 N,S-MMCSs 的形貌和表面结构。在 X 射线衍射仪(XRD,D8 ADVANCE,德国)上记录了材料 10°~80°的 X 射线衍射图谱。拉曼光谱由微激光拉曼光谱仪(in Via Reflex,RENISHAW,英国)获得,波长范围为 500~2 500 cm^{-1}。用比表面积和孔隙分析仪(Autosorb iQ 2 MP-XR,美国)测定液氮条件下碳样品的比表面积。基于脱氮数据,采用 Barrett-Joyner-Halenda(BJH)方法测定了孔体积和孔径分布。利用傅立叶变换红外光谱(FTIR,Nicolet 6700,美国)对吸附剂的表面官能团进行检测。利用 X 射线光电子能谱(XPS,Thermo-ESCALAB 250XI,英国)分析了吸附剂的半定量化学组成和表面化学状态。元素分析采用 Vario MACRO 分析仪(Elementar,德国)。采用 pH 计(PHS-3C,中国)测量溶液的 pH。用手机摄像头(华为荣耀8,中国)采集数码照片。

6.2.4　铬的吸附评价

重铬酸钾($K_2Cr_2O_7$)首先在真空干燥箱内 105 ℃下干燥 2 h 去除表面水分,然后将 2.829 0 g 的 $K_2Cr_2O_7$ 溶解在蒸馏水中,以制备 Cr(Ⅵ)储备溶液(1 g/L),批量实验中使用的不同浓度的 Cr(Ⅵ)溶液均用去离子水稀释储备溶液。吸附剂放入含 50 mLCr(Ⅵ)水溶液的锥形烧瓶(100 mL)中,在恒温水浴 THZ-82 型振荡器(济南,中国)中以 130 r/min 的搅拌速度进行所有批量实验。吸附后,过滤上清液得到过滤液。在紫外可见分光光度计(UV-6300,中国)中,设置波长 540 nm,采用二苯碳酰二肼分光光度法测定过滤液中的 Cr(Ⅵ)浓度。为保证实验数据的准确性,所有吸附实验均进行了3 次,标准偏差小于 5%,所得数据为算术平均值。用式(6-1)和式(6-2)分别计算 Cr(Ⅵ)的去除率[η(%)]和吸附量[Q(mg/g)]。

$$\eta = \frac{C_0 - C_t}{C_0} \times 100\% \qquad (6\text{-}1)$$

$$Q = \frac{(C_0 - C_t)V}{m} \qquad (6\text{-}2)$$

式中　C_0、C_t——水溶液中 Cr(Ⅵ)的初始浓度和残留浓度,mg/L;

　　　　V——Cr(Ⅵ)溶液的体积,L;

　　　　m——吸附剂的用量,g。

6.2.4.1　不同吸附剂、pH 和吸附剂投加量的影响

为了评价不同吸附剂对 Cr(Ⅵ)的吸附性能,将 40 mg 的 MMCSs、N-MMCSs、S-MMCSs 和 N,S-MMCSs 分别加入 10 mg/L,不调节 pH 的Cr(Ⅵ)溶液中,温度为 298 K,在不同时间段后,测量吸附后 Cr(Ⅵ)溶液的浓度,并计算相应的去除率。为了考察 pH 对 Cr(Ⅵ)吸附的影响,以 0.1 mol/L的 NaOH 或 0.1 mol/L 的 HCl 调节溶液 pH,取 15 mg 的 N,S-MMCSs 加入 50 mg/L,pH 分别为 2、3、4、5、6、7、9 的 Cr(Ⅵ)溶液中,在 298 K 下吸附 24 h。为了考察吸附剂投加量对 Cr(Ⅵ)吸附的影响,在 pH 为 2 的 50 mg/L 的 Cr(Ⅵ)溶液中,加入 6~21 mg 的 N,S-MMCSs,在 298 K 下吸附 24 h 后,测定 Cr(Ⅵ)溶液的浓度。

6.2.4.2　吸附等温线和热力学研究

在不同温度(298 K、308 K 和 318 K)下,将 18 mg 的 N,S-MMCSs 加入pH=2、初始 Cr(Ⅵ)浓度为 10~200 mg/L 的 Cr(Ⅵ)溶液吸附 24 h,以进行吸附等温线和吸附热力学的研究。为了考察 N,S-MMCSs 对 Cr(Ⅵ)的最大吸附量,采用 Langmuir、Freundlich、Temkin 和 Dubinin-Radushkevich(D-R)等温线模型拟合吸附平衡等温线数据。此外,还计算了热力学参数:标准吉布斯自由能(ΔG^0)、标准焓变(ΔH^0)和标准熵变(ΔS^0),以确定 Cr(Ⅵ)在 N,S-MMCSs样品上吸附的本质。

Langmuir、Freundlich、Temkin 和 D-R 等温线模型方程如下式所示。

Langmuir 模型：

$$\frac{C_e}{q_e} = \frac{1}{K_L q_m} + \frac{C_e}{q_m} \tag{6-3}$$

式中　C_e——Cr(Ⅵ)的平衡浓度，mg/L；

　　　q_e——平衡时吸附剂吸附 Cr(Ⅵ)的量；

　　　K_L——Langmuir 模型参数，L/mg；

　　　q_m——表示吸附剂的最大理论吸附量，mg/g。

此外，无量纲分离系数(R_L)可以预测吸附等温线的形状和吸附过程，结果如方程(6-4)和表 6-1 所示。

$$R_L = \frac{1}{1 + K_L C_0} \tag{6-4}$$

式中　C_0——Cr(Ⅵ)的最大初始浓度，mg/L。

表 6-1　吸附类型和 R_L 的关系

R_L 值	吸附类型
$R_L > 1$	不利吸附
$R_L = 1$	线性吸附
$0 < R_L < 1$	有利吸附
$R_L = 0$	不可逆吸附

Freundlich 模型：

$$\ln q_e = \ln K_F + \frac{1}{n} \ln C_e \tag{6-5}$$

Temkin 模型：

$$q_e = B \ln A + B \ln C_e \tag{6-6}$$

D-R 模型：

$$\ln q_e = \ln q_m - \beta \varepsilon^2 \tag{6-7}$$

$$\varepsilon = RT \ln \left(1 + \frac{1}{C_e} \right) \tag{6-8}$$

$$E = \frac{1}{\sqrt{2\beta}} \tag{6-9}$$

式中 K_F——与吸附量相关的 Freundlich 模型参数,L/mg;

$\quad\quad$ n——吸附强度的非均质性因子;

$\quad\quad$ B——与吸附热有关的常数,mg/g;

$\quad\quad$ A——最大结合能对应的平衡结合常数,L/mg;

$\quad\quad$ β——平均吸附自由能系数,mol^2/kJ^2;

$\quad\quad$ ε——表面的 Polanyi 势能,kJ^2/mol^2;

$\quad\quad$ R——气体常数,8.314 J/(mol·K);

$\quad\quad$ T——温度,K;

$\quad\quad$ E——将 1 mol 的吸附质从液相转移到吸附剂表面的平均自由能,kJ/mol。

热力学参数:标准吉布斯自由能(ΔG^0, kJ/mol)、标准焓变(ΔH^0, kJ/mol)和标准熵变[ΔS^0, J/(mol·K)]的相关方程如下:

$$K_d = \frac{mq_e}{C_e V} \tag{6-10}$$

$$\ln K_d = \frac{\Delta S^0}{R} - \frac{\Delta H^0}{RT} \tag{6-11}$$

$$\Delta G^0 = -RT \ln K_d \tag{6-12}$$

式中 K_d——分配系数;

$\quad\quad$ m——吸附剂投加量,g;

$\quad\quad$ V——Cr(Ⅵ)溶液的体积,L。

6.2.4.3 吸附动力学研究

在不同温度(298 K、308 K 和 318 K)下,用 N,S-MMCSs 吸附 150 mg/L 的 Cr(Ⅵ)溶液,吸附时间为 1~1 440 min,考察 N,S-MMCSs 对 Cr(Ⅵ)的吸附动力学,其他影响因子保持不变(N,S-MMCSs 的投加量为 18 mg,pH 为 2)。为了更好地理解 N,S-MMCSs 对 Cr(Ⅵ)的吸附过程,采用准一级动力学、准二级动力学、粒子内扩散和 Boyd 模型拟合吸附动力学数据。相关方程如下:

准一级动力学模型:

$$\ln(q_e - q_t) = \ln q_e - k_1 t \tag{6-13}$$

准二级动力学模型:

$$\frac{t}{q_t} = \frac{1}{k_2 q_e^2} + \frac{t}{q_e} \tag{6-14}$$

粒子内扩散模型:

$$q_t = k_i t^{1/2} + C \tag{6-15}$$

Boyd 模型：

$$B_t = -0.4977 - \ln\left(1 - \frac{q_t}{q_e}\right) \tag{6-16}$$

式中　q_t——在给定时间 $t(\min)$ 时吸附在吸附剂上的 Cr(Ⅵ)量，mg/g；

　　　　k_1——准一级动力学模型的速率常数，$\min^{-1}$；

　　　　k_2——准二级动力学模型的速率常数，g/(mg·min)；

　　　　k_i——粒子内扩散模型的速率常数，mg/(g·$\min^{1/2}$)；

　　　　C——截距，对应于边界层厚度，mg/g。

6.3　氮硫双掺杂微介孔碳片对废水中铬的吸附研究

6.3.1　扫描电镜和透射电镜分析

　　首先利用扫描电镜和透射电镜对合成的 N-MMCSs、S-MMCSs 和 N,S-MMCSs 的形貌和微观结构进行了表征。如图 6-2 和图 6-3(a)、(b)所示，所有这些杂原子掺杂的生物质碳样品均呈现出直径几十微米、厚度几微米的片状结构，与其他生物质碳材料的形貌非常相似。此外，与 N-MMCSs 和 S-MMCSs 相比，N,S-MMCSs 的表面更加粗糙，多孔形貌并不明显。

　　此外，N-MMCSs、S-MMCSs 和 N,S-MMCSs 的结构和孔隙特征也通过 TEM 进行了鉴定[图 6-3(c)、(d)和图 6-4]。结果表明，所制备的样品均为孔径只有几纳米的二维无定型片状结构，这与 SEM 图像的结果吻合较好。如图 6-3(d)所示，在高分辨率 TEM 图像中，N,S-MMCSs 的边缘存在大量的白点，这意味着 N,S-MMCSs 中含有丰富的微孔和介孔。N,S-MMCSs 的多孔结构主要归因于 KOH 的化学活化作用。在活化过程中，非晶态碳与各种含钾化合物发生了一系列复杂的化学反应，碳骨架被刻蚀形成网状孔隙结构。此外，CO、CO_2 等少量气体的形成对孔隙的形成也起着重要的作用。

　　图 6-5 显示了 N,S-MMCSs 的元素分布，观察到 C、O、N、S 元素均匀分布在 N,S-MMCSs 的表面，这强有力地证明了 N,S-MMCSs 表面存在丰富的含氮和含硫官能团，这些含氮和含硫表面官能团据报道有利于提高对重金属的吸附性能。

(a)N-MMCSs 的 SEM（一）　　　　(b)N-MMCSs 的 SEM（二）

(c)S-MMCSs 的 SEM（一）　　　　(d)S-MMCSs 的 SEM（二）

图 6-2　N-MMCSs 和 S-MMCSs 的 SEM

6.3.2　X 射线衍射、拉曼光谱和比表面积分析

用 X 射线衍射研究了 MMCSs、N-MMCSs、S-MMCSs 和 N,S-MMCSs 的晶体结构,结果如图 6-6 和图 6-7(a)所示。在 20°～30°和 40°～45°时观察到四种样品的两个具有代表性的宽衍射峰,分别对应于石墨的(002)晶面和(100)晶面,表明 MMCSs、N-MMCSs、S-MMCSs 和 N,S-MMCSs 均为介于非晶体碳和石墨之间的结晶程度较低的无定形碳。与 MMCSs 相比,N-MMCSs、S-MMCSs 和 N,S-MMCSs 的衍射峰位置在单掺杂 N/S 或双掺杂 N 和 S 元素后基本不变,说明掺杂并没有改变碳的结构。此外,根据布拉格方程 $\lambda = 2d\sin\theta(\lambda = 0.154\,06\ \text{nm})$,计算出 N,S-MMCSs 的 d_{002} 层间距为 0.339 6 nm,明显大于片状石墨(0.335 4 nm),从而使 Cr(Ⅵ)离子更容易嵌入 N,S-MMCSs 的碳骨架中。

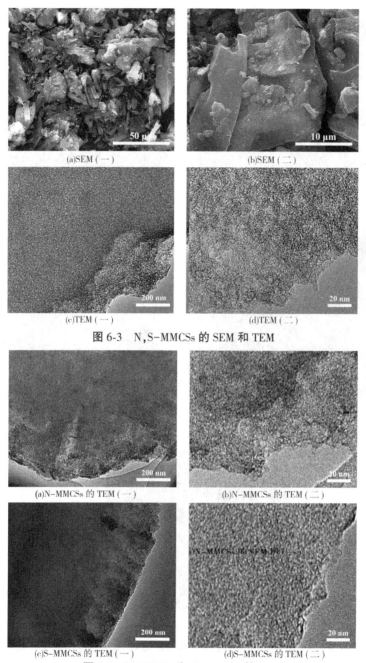

(a)SEM（一）　　　　　　　　　　　(b)SEM（二）

(c)TEM（一）　　　　　　　　　　　(d)TEM（二）

图 6-3　N,S-MMCSs 的 SEM 和 TEM

(a)N-MMCSs 的 TEM（一）　　　　　　　(b)N-MMCSs 的 TEM（二）

(c)S-MMCSs 的 TEM（一）　　　　　　　(d)S-MMCSs 的 TEM（二）

图 6-4　N-MMCSs 和 S-MMCSs 的 TEM

图 6-5　N,S-MMCSs 的 SEM 和相应的 C、O、N 和 S 元素分布

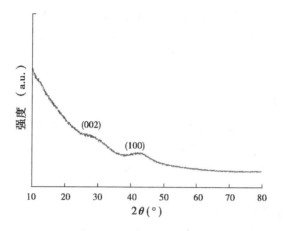

图 6-6 MMCSs 的 XRD

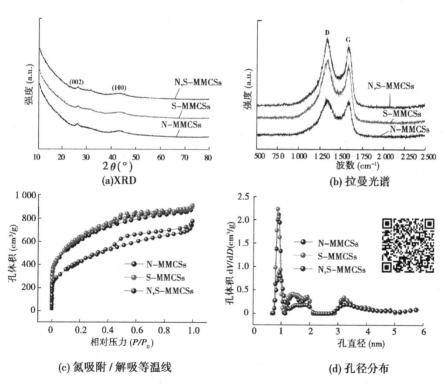

(a)XRD

(b) 拉曼光谱

(c) 氮吸附/解吸等温线

(d) 孔径分布

图 6-7 N-MMCSs、S-MMCSs 和 N,S-MMCSs 的 XRD、
拉曼光谱、氮吸附/解吸等温线和孔径分布

为了进一步获得 N-MMCSs、S-MMCSs 和 N,S-MMCSs 的缺陷程度和无序结构的信息,使用 Raman 光谱分析其结构,如图 6-7(b) 所示。对于这些碳样品,Raman 光谱清楚地显示了在 1 328 cm^{-1} 处突出的 D 峰和在 1 580 cm^{-1} 处突出的 G 峰。D 峰通常代表碳材料中与某些缺陷、边缘位置和孔洞有关的无序程度。相比之下,G 峰与 sp^2 杂化碳原子振动的结晶石墨结构有关。此外,D 峰与 G 峰的强度比(I_D/I_G)反映了无序碳材料的类型及无序程度。结果发现,N-MMCSs、S-MMCSs 和 N,S-MMCSs 的 I_D/I_G 计算值分别为 1.03、1.10 和 1.14,这表明,与单掺杂 N/S 相比,N 和 S 原子的共掺杂在 N,S-MMCSs 中产生了更多的缺陷位点。N,S-MMCSs 中缺陷位点越多,吸附活性位点就越多,这有利于对 Cr(Ⅵ) 的吸附。

N-MMCSs、S-MMCSs 和 N,S-MMCSs 在 77 K 时的氮气吸脱附曲线如图 6-7(c) 所示。根据 IUPAC 分类,所有获得的碳材料都呈现出明显的 Ⅰ 型和 Ⅳ 型等温线。也就是说,当相对压力 p/p_0 在 0~0.1 时,吸附曲线急剧上升,表明存在微孔结构(Ⅰ 型等温线)。Ⅳ 型等温线在相对压力 $p/p_0 = 0.4~1$ 时,具有明显的滞后环,表明这三个样品在二维碳层中含有介孔。由此可以推断,N-MMCSs、S-MMCSs 和 N,S-MMCSs 的孔隙主要由微介孔组成。从氮气解吸数据得到的相应孔径分布曲线[见图 6-7(d)]进一步证实,N-MMCSs、S-MMCSs 和 N,S-MMCSs 均具有分级的微介孔结构,均含有直径在 0.7~2.0 nm 的微孔和直径在 3.0~5.0 nm 的介孔。由于分析仪器的限制,曲线在孔径小于 0.7 nm 处消失。

此外,N-MMCSs、S-MMCSs 和 N,S-MMCSs 的孔隙结构参数如表 6-2 所示。制备的 N-MMCSs、S-MMCSs 和 N,S-MMCSs 的比表面积分别为 2 182.00 m^2/g、2 311.15 m^2/g 和 1 525.45 m^2/g,总孔体积分别为 1.40 cm^3/g、1.41 cm^3/g 和 1.21 cm^3/g,且孔径分布显示,窄的孔径分布集中在 2.57 nm、2.45 nm 和 3.16 nm 处。作者还发现,与 N-MMCSs 和 S-MMCSs 相比,N,S-MMCSs 样品具有更小的比表面积和总孔体积,这可能是由于 N,S-MMCSs 骨架中 N 和 S 原子的共同引入会导致更多的结构缺陷和微孔通道的坍塌,进而导致比表面积和总孔体积的减小。N,S-MMCSs 中的微孔比表面积和微孔体积的百分比分别小于 N-MMCSs 和 S-MMCSs,分别为 57.77% 和 37.19%,也证实了这一结论。尽管如此,N,S-MMCSs 的比表面积和分级的微介孔结构不仅能提供大量的活性吸附位点,而且能有效地促进离子的快速扩散,从而有利于获得优异的 Cr(Ⅵ)吸附性能。

表 6-2　N-MMCSs、S-MMCSs 和 N,S-MMCSs 的孔隙结构参数

参数	样品		
	N-MMCSs	S-MMCSs	N,S-MMCSs
$S_{BET}(m^2/g)$	2 182.00	2 311.15	1 525.45
$S_{micro}(m^2/g)$	1 613.15	1 776.87	881.30
$S_{micro}/S_{BET}(\%)$	73.93	76.88	57.77
$V_t(cm^3/g)$	1.40	1.41	1.21
$V_{micro}(cm^3/g)$	0.81	0.87	0.45
$V_{micro}/V_t(\%)$	57.86	61.70	37.19
$D_{ave}(nm)$	2.57	2.45	3.16

注:S_{BET} 为 BET 法测得的比表面积;S_{micro} 为微孔的比表面积;V_t 为总孔体积;V_{micro} 为微孔体积;D_{ave} 为平均孔直径。

6.3.3　铬的吸附效果研究

6.3.3.1　不同吸附剂性能对比

为了评价 MMCSs、N-MMCSs、S-MMCSs 和 N,S-MMCSs 对 Cr(Ⅵ)的吸附效率,在相同的实验条件下对上述四种样品进行了吸附实验,结果如图 6-8 所示。结果表明,双原子掺杂碳材料对 Cr(Ⅵ)的吸附效率优于单原子掺杂和未掺杂的碳材料,其去除率大小顺序为:N,S-MMCSs>N-MMCSs> S-MMCSs> MMCSs。在不调节 pH 的情况下,吸附 24 h 后,MMCSs、N-MMCSs、S-MMCSs 和 N,S-MMCSs 对 Cr(Ⅵ)的去除率分别为 43.88%、67.10%、69.23% 和 81.49%。N-MMCSs 和 S-MMCSs 对 Cr(Ⅵ)的吸附效率均优于 MMCSs,说明杂原子的掺入可以提高对 Cr(Ⅵ)的吸附性能。此外,N,S-MMCSs 对 Cr(Ⅵ)的吸附性能最好,这可能是因为 N 和 S 原子同时掺入会导致碳基质与重金属离子的协同作用,从而显著提高对 Cr(Ⅵ)的吸附能力。另外,虽然 N,S-MMCSs 的比表面积和孔体积在三种吸附剂中最小,但其对 Cr(Ⅵ)的吸附性能最好,这也说明 N,S-MMCSs 的含 N 和含 S 官能团对 Cr(Ⅵ)的吸附所起的作用要大于表面孔隙率。因此,在后续的实验中,作者将详细研究 N,S-MMCSs 对 Cr(Ⅵ)吸附性能的影响因素。

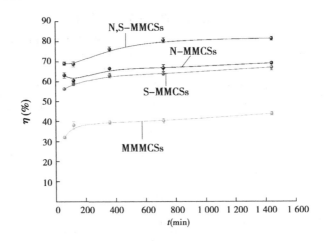

图 6-8　MMCSs、N-MMCSs、S-MMCSs 和 N,S-MMCSs 对 Cr(Ⅵ)吸附效率的比较

6.3.3.2　pH、投加量、铬初始浓度、温度和吸附时间的影响

pH 是影响重金属离子吸附的关键参数之一,它不仅影响溶液中重金属离子的存在状态,而且影响吸附剂表面官能团的活性。因此,首先研究了 pH 对 N,S-MMCSs 吸附 Cr(Ⅵ)性能的影响,结果如图 6-9(a)所示。曲线非常陡峭,说明 pH 对吸附过程有很大的影响。Cr(Ⅵ)的吸附量随 pH 的升高而降低,pH=2 时达到最大吸附量(129.55 mg/g),pH=4 时,吸附量急剧下降至 52.43 mg/g,随后略有下降,最低吸附量为 14.01 mg/g(pH=9)。根据文献报道,在低 pH 范围(pH=2~6.8)内,Cr(Ⅵ)主要以不同形式存在:$HCrO_4^-$ 和 $Cr_2O_7^{2-}$,而 $HCrO_4^-$ 由于占主导地位和较低的自由能,更容易与吸附剂结合。此外,N,S-MMCSs 的表面官能团被氢离子高度质子化导致 N,S-MMCSs 带正电,与带负电的 $HCrO_4^-$ 之间产生强烈的静电吸引,从而有利于 Cr(Ⅵ)的去除。然而,在 pH 大于 6.8 的条件下,随着 OH^- 浓度的增加,CrO_4^{2-} 与 OH^- 在吸附位点上存在竞争吸附。此外,根据以往的文献报道,在碱性条件下,由于表面官能团的去质子作用,N,S-MMCSs 表面的电荷转为净负电荷,因此带负电的 CrO_4^{2-} 与 N,S-MMCSs 之间也可能存在静电排斥。因此,在碱性条件下,N,S-MMCSs 对 Cr(Ⅵ)的吸附能力较差。综上所述,在后续的批量实验中,选择 pH 为 2 作为 N,S-MMCSs 吸附 Cr(Ⅵ)的最优值。

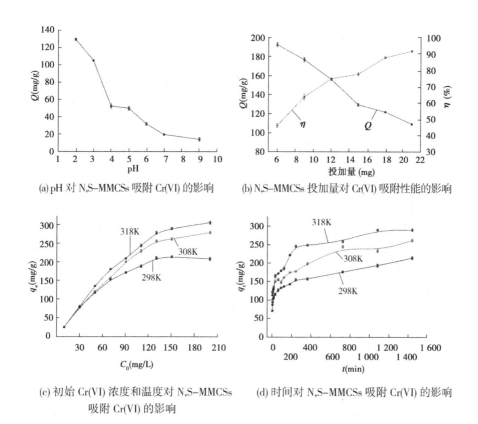

(a) pH 对 N,S-MMCSs 吸附 Cr(VI) 的影响

(b) N,S-MMCSs 投加量对 Cr(VI) 吸附性能的影响

(c) 初始 Cr(VI) 浓度和温度对 N,S-MMCSs
吸附 Cr(VI) 的影响

(d) 时间对 N,S-MMCSs 吸附 Cr(VI) 的影响

图 6-9　pH 对 N,S-MMCSs 吸附 Cr(Ⅵ) 的影响、N,S-MMCSs 投加量对 Cr(Ⅵ)
吸附性能的影响、初始 Cr(Ⅵ) 浓度和温度对 N,S-MMCSs 吸附 Cr(Ⅵ) 的影响、
时间对 N,S-MMCSs 吸附 Cr(Ⅵ) 的影响

N,S-MMCSs 投加量对 Cr(Ⅵ) 吸附性能的影响如图 6-9(b) 所示。结果表明,随着 N,S-MMCSs 投加量从 6 mg 增至 21 mg,Cr(Ⅵ) 的去除率从 46.17% 增加到 91.79%,呈上升趋势。这主要是因为吸附剂投加量越大,所提供的吸附 Cr(Ⅵ) 的比表面积越大或可用的活性位点越多。然而,随着 N,S-MMCSs 投加量的增加,Cr(Ⅵ) 的吸附量从 192.39 mg/g 下降到 109.28 mg/g,原因是当 Cr(Ⅵ) 浓度一定时,单位质量的吸附剂吸附 Cr(Ⅵ) 的量随吸附剂质量的增加而减少,导致吸附容量下降。为了在吸附剂用量最小的情况下获得较好的 Cr(Ⅵ) 去除率,选择 N,S-MMCSs 的最佳用量为 18 mg,并用于接下来的 Cr(Ⅵ) 吸附实验中。

图 6-9(c)显示了初始 Cr(Ⅵ)浓度和温度对 N,S-MMCSs 吸附 Cr(Ⅵ)的影响。结果表明,在相同温度下,随着初始 Cr(Ⅵ)浓度的不断增加,N,S-MMCSs 对 Cr(Ⅵ)的吸附量逐渐增大,然后保持不变。例如,在 298 K下,当初始 Cr(Ⅵ)浓度从 10 mg/L 增加到 130 mg/L 时,平衡时吸附量从 27.68 mg/g 显著增加到 213.39 mg/g;当初始 Cr(Ⅵ)浓度大于 130 mg/L 时,平衡时 Cr(Ⅵ)吸附量基本不变,这是因为较高的初始 Cr(Ⅵ)浓度在液相和固相之间提供了更强的传质驱动力,从而在开始时对 Cr(Ⅵ)的吸附量升高。然而,当 N,S-MMCSs 投加量不变时,由于 N,S-MMCSs 的活性吸附位点数量恒定,Cr(Ⅵ)的吸附量最终趋于饱和。另外,随着温度的升高,N,S-MMCSs 对 Cr(Ⅵ)的吸附量逐渐增大,说明 Cr(Ⅵ)的吸附是一个吸热过程。例如,当初始 Cr(Ⅵ)浓度为 200 mg/L 时,当温度从 298 K 升高到 318 K 时,平衡时 Cr(Ⅵ)的吸附容量从 211.00 mg/g 升高至 309.21 mg/g。这可能是由于在较高的温度下 N,S-MMCSs 的布朗运动会增强,从而 N,S-MMCSs 与 Cr(Ⅵ)离子的接触概率也会增加。

在温度为 298 K、308 K 和 318 K 时,时间对 N,S-MMCSs 吸附 Cr(Ⅵ)的影响如图 6-9(d)所示。可以看到,Cr(Ⅵ)的吸附量在最初的 60 min 内随着时间的增加而迅速增加;在随后的 300 min 内,可以观察到 Cr(Ⅵ)的吸附量增加较为缓慢;720 min 后,逐渐达到吸附平衡。由于初始阶段活性位点多,吸附速度很快,然后吸附速度放缓,这是因为活性位点逐渐被 Cr(Ⅵ)占据,直到 720 min 时逐渐达到吸附平衡。此外,N,S-MMCSs 吸附 Cr(Ⅵ) 24 h 后,在 298 K、308 K 和 318 K 时的实验平衡吸附量分别为 216.68 mg/g、264.36 mg/g 和 292.37 mg/g。

6.3.4 吸附等温线和热力学分析

6.3.4.1 吸附等温线

为了考察 N,S-MMCSs 对 Cr(Ⅵ)的最大吸附量,用 Langmuir、Freundlich、Temkin 和 D-R 等温线模型拟合了图 6-9(c)中的平衡吸附等温线数据,并在图 6-10 和表 6-3 中显示了不同温度下得到的吸附等温线图和等温线参数。从表 6-3 中给出的相关系数(R^2)可以看出,Langmuir 等温线模型更适合 Cr(Ⅵ)在 N,S-MMCSs 表面的吸附过程,这表明 Cr(Ⅵ)在 N,S-MMCSs 表面形成了均匀的单层覆盖。此外,在给定的初始 Cr(Ⅵ)浓度范围(10~200 mg/L)下,使用式(6-4)计算了无量纲分配系数(R_L),发现在 0.012~0.021 时,这证明了丝瓜络派生的 N,S-MMCSs 有利于 Cr(Ⅵ)的吸附。在所有研究的温度下,Freundlich 等温线的 n 值为 3.40~4.27,进一步验证了 N,S-MMCSs 对 Cr(Ⅵ)的吸附是一个有利的过程。根据 D-R 等温线,在 298~318 K 时,使用式(6-9)计算的平均自由能 E 为 11.17~13.36 kJ/mol,大于 8 kJ/mol,这表明静电吸附或离子交换等化学吸附过程参与了 N,S-MMCSs 吸附 Cr(Ⅵ)的过程。

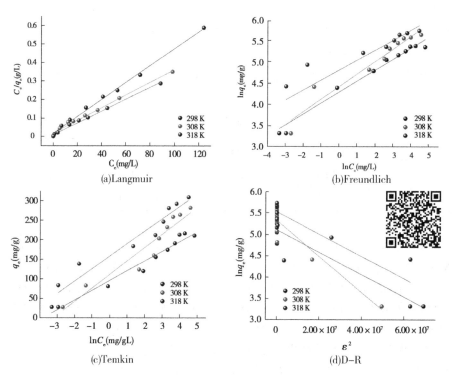

图 6-10　N,S-MMCSs 吸附 Cr(Ⅵ)的 Langmuir,Freundlich,

Temkin 和 D-R 等温线模型拟合图

表 6-3　N,S-MMCSs 吸附 Cr(Ⅵ)的吸附等温线参数

等温线	参数	温度(K)		
		298	308	318
Langmuir	q_m(mg/g)	217.39	277.78	312.50
	K_L(L/mg)	0.28	0.23	0.40
	R^2	0.995 9	0.975 4	0.993 7
	R_L	0.018	0.021	0.012

续表 6-3

等温线	参数	温度（K）		
		298	308	318
Freundlich	K_F(L/mg)	72.81	82.71	121.83
	n	3.88	3.40	4.27
	R^2	0.980 5	0.933 0	0.788 1
Temkin	B(mg/g)	24.95	34.42	31.85
	A(L/mg)	46.28	25.24	143.62
	R^2	0.954 8	0.921 5	0.938 1
D-R	$\beta(\times 10^{-9})$ (mol^2/kJ^2)	2.80	4.01	3.03
	q_m(mg/g)	165.24	206.40	252.37
	E(kJ/mol)	13.36	11.17	12.85
	R^2	0.801 1	0.870 9	0.835 2

如表 6-3 所示，在 298 K、308 K 和 318 K 温度下，由 Langmuir 模型拟合的 N,S-MMCSs 吸附 Cr(Ⅵ) 的理论最大吸附容量（q_m）分别为 217.39 mg/g、277.78 mg/g 和 312.50 mg/g，其对 Cr(Ⅵ) 的吸附性能优于其他不同来源的碳基材料，如表 6-4 所示。例如，在 298 K 时，N,S-MMCSs 对 Cr(Ⅵ) 的理论最大吸附容量分别是黑木耳渣生物碳的 8.7 倍，磁性 Fe_3O_4/CNT 纳米颗粒的 4.0 倍，板栗壳制备的活性炭的 2.5 倍，H_3PO_4 活化油茶壳多孔碳的 1.2 倍。N,S-MMCSs 对 Cr(Ⅵ) 的优异吸附性能可能主要是由于其分级的微介孔片状结构及含氮和含硫表面官能团的协同作用。

表 6-4　不同来源的碳基材料对 Cr(Ⅵ) 理论最大吸附容量的比较

吸附剂	初始浓度（mg/L）	温度（K）	q_m（mg/g）
从增殖肠豆中提取的改性生物碳	50~500	298	88.17
黑木耳渣生物碳	20~200	293	24.9
以柳渣为原料制备的铁改性生物碳	50~6 000	298	113.64
蔗渣制备的 $ZnCl_2$ 活化碳	50~250	298	80.88
纳米 ZnO/ZnS 改性生物碳	5~400	298	24.51
H_3PO_4 活化油茶壳多孔碳	200~600	303	183.4

续表 6-4

吸附剂	初始浓度（mg/L）	温度（K）	q_m（mg/g）
网状氮掺杂碳质亚微米球	15～120	298	61.72
壳聚糖修饰的多壁碳纳米管	50～600	313	163.93
氮掺杂多孔碳/磁性纳米颗粒	10～130	298	30.96
磁性 Fe_3O_4/CNT 纳米颗粒	100～800	313	54.79
刺藤茎活性炭	20～160	303	47.88
板栗壳制备的活性炭	10～75	293	85.47
龙眼种子制备的活性炭	50～500	298	169.49
以玉米芯为原料合成聚乙烯亚胺改性氢焦	10～1000	318	33.66
桉树木屑衍生的生物碳	50～800	298	120.35
丝瓜络派生的氮硫双掺杂微介孔碳片	10～200	298	217.39
		318	312.50

6.3.4.2　吸附热力学

如图 6-11 和表 6-5 所示，根据图 6-9（c）等温线数据计算了热力学参数（ΔG^0、ΔH^0 和 ΔS^0）。N，S-MMCSs 吸附 Cr（Ⅵ）的 ΔH^0 为正值（113.38 kJ/mol），表明 Cr（Ⅵ）吸附过程是吸热的，高温有助于吸附。ΔS^0［408.78 J/（mol·K）］的正值反映了在 Cr（Ⅵ）吸附过程中固液界面变得越来越无序。此外，ΔG^0 在温度为 298 K、308 K 和 318 K 时分别为 -8.59 kJ/mol、-12.20 kJ/mol 和 -16.79 kJ/mol，均为负值，证明 Cr（Ⅵ）吸附过程是自发的，并且 ΔG^0 绝对值逐渐增加，表明吸附 Cr（Ⅵ）的驱动力随着温度的升高而增大。总之，热力学计算表明，Cr（Ⅵ）在 N，S-MMCSs 上的吸附是自发的、吸热的和熵增的。

6.3.5　吸附动力学分析

为了分析 N，S-MMCSs 对 Cr（Ⅵ）的吸附动力学，采用了基于不同理论基础的四种模型来拟合图 6-9（d）的实验数据，包括准一级、准二级、粒子内扩散和 Boyd 动力学模型，从而解释 Cr（Ⅵ）的吸附过程，图 6-12 和表 6-6 分别给出了不同温度下的吸附动力学曲线和拟合参数。从表 6-6 中的相关系数（R^2）来

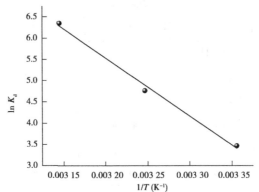

图 6-11　N,S-MMCSs 吸附 Cr(Ⅵ)的 lnK_d 与 1/T 曲线

表 6-5　N,S-MMCSs 对 Cr(Ⅵ)的吸附热力学

ΔH^0 (kJ/mol)	ΔS^0 [J/(mol·K)]	ΔG^0(kJ/mol)		
		298 K	308 K	318 K
113.38	408.78	-8.59	-12.20	-16.79

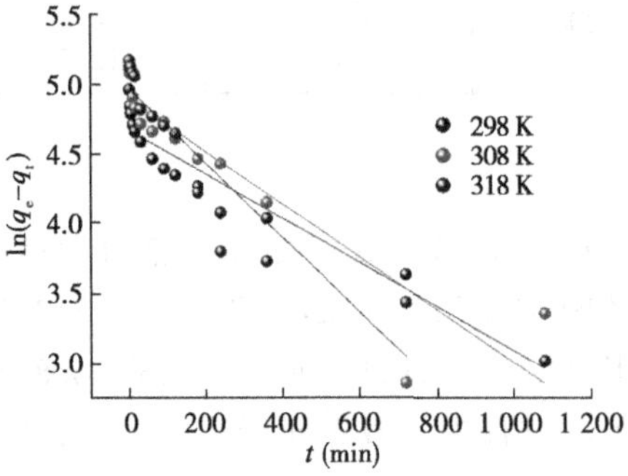

图 6-12　N,S-MMCSs 吸附 Cr(Ⅵ)的准一级、准二级、粒子内扩散和 Boyd 动力学模型

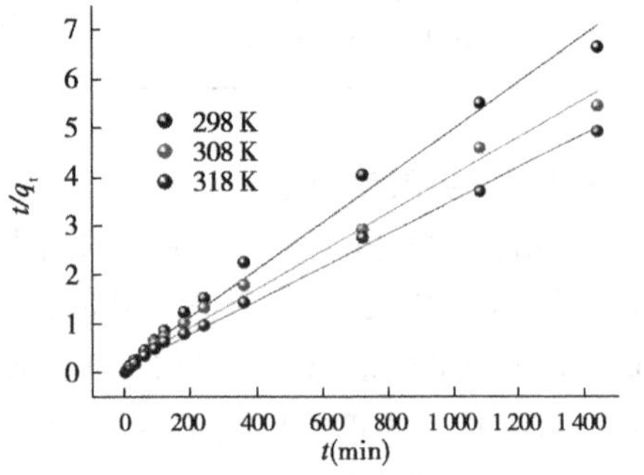

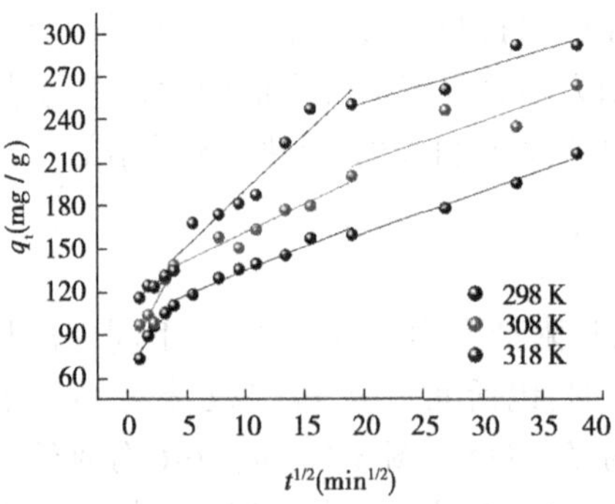

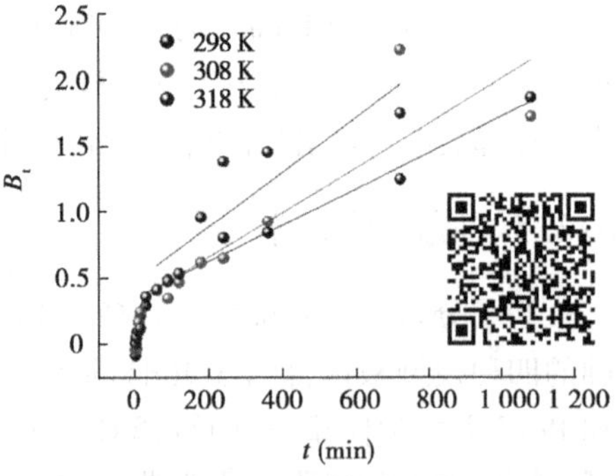

(a) 准一级

(b) 准二级

(c) 粒子内扩散

(d)Boyd

表 6-6　N,S-MMCSs 吸附 Cr(Ⅵ)的动力学参数

动力学模型		参数	温度(K)		
			298	308	318
准一级		$k_1(\min^{-1})$	0.001 6	0.001 9	0.002 7
		$q_{e,cal}(mg/g)$	106.98	133.86	143.75
		$q_{e,exp}(mg/g)$	216.68	264.36	292.37
		R^2	0.926 1	0.840 9	0.832 7
准二级		$k_2[g/(mg \cdot min)]$	0.000 12	0.000 095	0.000 10
		$q_{e,cal}(mg/g)$	208.33	256.41	294.12
		$q_{e,exp}(mg/g)$	216.68	264.36	292.37
		R^2	0.989 2	0.990 4	0.995 9
粒子内扩散	第一阶段	$k_i[mg/(g \cdot min^{1/2})]$	12.43	3.35	2.95
		$C(mg/g)$	65.26	101.33	101.95
		R^2	0.949 4	0.965 2	0.986 4
	第二阶段	$k_i[mg/(g \cdot min^{1/2})]$	15.57	3.74	2.90
		$C(mg/g)$	76.05	125.31	152.27
		R^2	0.862 9	0.928 0	0.780 5
	第三阶段	$k_i[mg/(g \cdot min^{1/2})]$	6.28	7.76	2.48
		$C(mg/g)$	110.90	113.43	201.96
		R^2	0.953 4	0.939 9	0.892 9
Boyd	第一阶段	k_1	0.011	0.015	0.011
		R^2	0.805 3	0.896 7	0.957 7
	第二阶段	k_2	0.001 4	0.001 7	0.002 2
		R^2	0.981 7	0.810 8	0.803 9

看,准二级动力学模型($R^2 \geqslant 0.989\ 2$)比准一级动力学模型($R^2 \geqslant 0.832\ 7$)更符合实验数据,不同温度下准二级动力学计算的平衡吸附容量($q_{e,cal}$)与实验平衡吸附容量($q_{e,exp}$)基本一致,而准一级动力学的理论值与实验值相差很大。这些结果表明,Cr(Ⅵ)在 N,S-MMCSs 上的吸附受化学吸附控制,即 N,S-MMCSs 上带正电的表面官能团与带负电的 Cr(Ⅵ)之间可能发生离子交换、电子共用或转移、或静电作用,这与 D-R 等温线拟合的结果非常一致。

此外,利用粒子内扩散动力学模型和 Boyd 动力学模型解释了可能的扩散机制和速率控制步骤。如图 6-12(c)和表 6-6 所示,Cr(Ⅵ)在 N,S-MMCSs 上的吸附过程包括三个阶段,第一阶段是 Cr(Ⅵ)离子向 N,S-MMCSs 的外表面扩散(膜扩散阶段);第二阶段是 Cr(Ⅵ)离子从 N,S-MMCSs 的外表面扩散到孔隙内,这一步的速度是有限的(粒子内扩散阶段);第三阶段是最终的吸附平衡阶段,由于此时溶液中的 Cr(Ⅵ)浓度极低,粒子内扩散开始减慢(吸附阶段)。图 6-12(c)的粒子内扩散图包括三个线性阶段,第二阶段明显没有通过原点,说明粒子内扩散不是唯一的速控步骤,吸附过程可能涉及一些氧化还原反应或复杂反应。此外,图 6-12(d)中的 Boyd 动力学模型拟合结果表明,在整个时间范围内所有曲线都包含两个线性阶段,拟合线没有穿过原点,这表明刚开始时膜扩散控制 Cr(Ⅵ)在 N,S-MMCSs 上的吸附速率,而其他一些机制,如粒子内扩散或吸附作用,随后接管并控制 Cr(Ⅵ)的吸附速率。

6.3.6　吸附机制探讨

6.3.6.1　吸附前后 XPS 分析

采用 XPS 分析了 N,S-MMCSs 吸附 Cr(Ⅵ)前后元素组成和表面化学状态的变化,结果如图 6-13 所示。图 6-14 和图 6-15 分别显示了 N-MMCSs 和 S-MMCSs 的 XPS 图,表 6-7 总结了根据 XPS 光谱测得的 N-MMCSs、S-MMCSs 和 N,S-MMCSs 的成分含量。图 6-13(a)的宽测量 XPS 光谱显示了在 N,S-MMCSs 表面的 C 1s(284.8 eV)、O 1s(532.4 eV)、N 1s(401.7 eV)和 S 2p(168.5 eV)四个显著峰值,测得的 C、O、N 和 S 元素含量分别为 89.94 at%、8.55 at%、1.22 at% 和 0.29 at%(见表 6-7)。此外,表 6-8 展示的是 MMCSs、N-MMCSs、S-MMCSs 和 N,S-MMCSs 的燃烧元素分析,可以看到 MMCSs 样品只包含 C、H 和 O 元素,N-MMCSs 中 N 含量为 1.98 wt%,S-MMCSs 中 S 含量

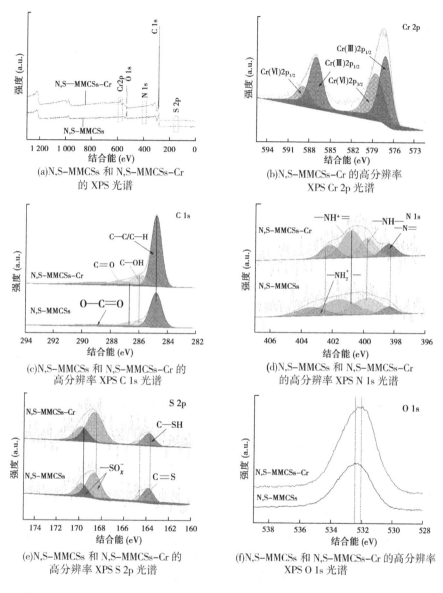

图 6-13　N,S-MMCSs 和 N,S-MMCSs-Cr 的 XPS 光谱、N,S-MMCSs-Cr 的高
分辨率 XPS Cr 2p 光谱、N,S-MMCSs 和 N,S-MMCSs-Cr 的高分辨率 XPS C 1s 光谱、
N,S-MMCSs 和 N,S-MMCSs-Cr 的高分辨率 XPS N 1s 光谱、N,S-MMCSs 和
N,S-MMCSs-Cr 的高分辨率 XPS S 2p 光谱及 N,S-MMCSs 和 N,S-MMCSs-Cr
的高分辨率 XPS O 1s 光谱

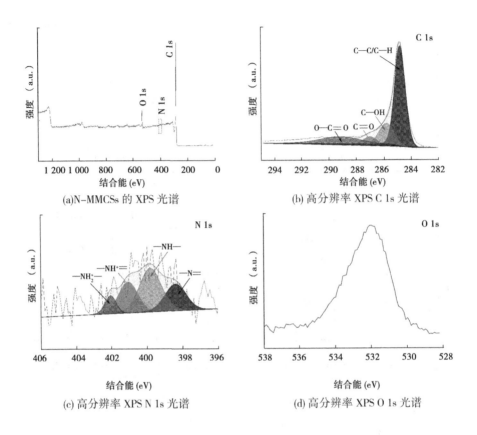

(a)N-MMCSs 的 XPS 光谱

(b) 高分辨率 XPS C 1s 光谱

(c) 高分辨率 XPS N 1s 光谱

(d) 高分辨率 XPS O 1s 光谱

图 6-14　N-MMCSs 的 XPS 光谱、高分辨率 XPS C 1s 光谱、
高分辨率 XPS N 1s 光谱、高分辨率 XPS O 1s 光谱

为 1.11 wt%,N,S-MMCSs 中 N 和 S 含量分别为 1.81 wt% 和 1.01 wt%,XPS 和元素分析强有力地证明了作者成功地合成了丝瓜络派生的氮硫双掺杂微介孔碳片,这与 EDS 分析结果一致(见图 6-5)。对于 N,S-MMCSs-Cr,中心位于 577.6 eV 左右处检测到一个明显的峰,与 Cr 2p 能级相对应,表明 N,S-MMC-Ss 从废水中有效地吸附了 Cr(Ⅵ)。此外,测定的 N,S-MMCSs-Cr 中 C、O、N、S 和 Cr 含量分别为 88.51 at%、9.65 at%、0.7 at%、0.18 at% 和 0.96 at%。吸附 Cr(Ⅵ)前后 N,S-MMCSs 中 O 含量的增加而 N、S 含量的降低,表明表面官能团可能参与了 Cr(Ⅵ)吸附过程中的一些化学反应。

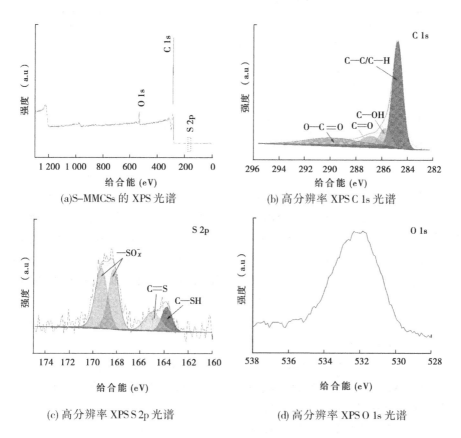

(a)S-MMCSs 的 XPS 光谱

(b) 高分辨率 XPS C 1s 光谱

(c) 高分辨率 XPS S 2p 光谱

(d) 高分辨率 XPS O 1s 光谱

图 6-15　S-MMCSs 的 XPS 光谱、高分辨率 XPS C 1s 光谱、
高分辨率 XPS S 2p 光谱及高分辨率 XPS O 1s 光谱

表 6-7　XPS 光谱测试的 N-MMCSs、S-MMCSs 和 N,S-MMCSs 的成分含量

样品	C(at%)	O(at%)	N(at%)	S(at%)
N-MMCSs	90.56	8.08	1.36	0
S-MMCSs	93.06	6.56	0	0.38
N,S-MMCSs	89.94	8.55	1.22	0.29

表 6-8　MMCSs、N-MMCSs、S-MMCSs 和 N,S-MMCSs 的燃烧元素分析

样品	C(wt%)	H(wt%)	O(wt%)	N(wt%)	S(wt%)
MMCSs	87.62	1.79	10.59	0	0
N-MMCSs	89.89	1.45	6.68	1.98	0
S-MMCSs	90.21	2.11	6.57	0	1.11
N,S-MMCSs	87.52	1.76	7.90	1.81	1.01

N,S-MMCSs-Cr 的高分辨率 XPS Cr 2p 光谱如图 6-13(b)所示。由图可以清楚地看到,在 577.6 eV 和 587.2 eV 处有两个明显的峰,它们分别归属于特征峰 Cr $2p_{3/2}$ 和 Cr $2p_{1/2}$,然后将这两个峰反褶积成四个峰,分别对应 Cr(Ⅲ)$2p_{3/2}$(577.2 eV)、Cr(Ⅵ)$2p_{3/2}$(578.6 eV)、Cr(Ⅲ)$2p_{1/2}$(587.1 eV)和 Cr(Ⅵ)$2p_{1/2}$(588.9 eV)。此外,表 6-9 汇总了 N,S-MMCSs 和 N,S-MMCSs-Cr 中 Cr、C、N、S 和 O 的结合能和相对含量,Cr(Ⅲ)和 Cr(Ⅵ)的相对含量分别为 60.62% 和 39.38%,证明部分 Cr(Ⅵ)被还原为毒性较小的 Cr(Ⅲ),然后被吸附在 N,S-MMCSs 的表面。

N,S-MMCSs 和 N,S-MMCSs-Cr 的高分辨率 XPS C 1s 光谱如图 6-13(c)所示。对于 N,S-MMCSs,284.8 eV、286.0 eV、286.9 eV 和 289.0 eV 的结合能分别对应于 C—C/C—H、C—OH、C＝O 和 O—C＝O。如表 6-9 所示,在 N,S-MMCSs 上吸附 Cr(Ⅵ)后,C—C/C—H 的相对含量从 75.02% 下降到 72.50%,而 C—OH 和 C＝O 的相对含量分别从 11.24% 和 5.12% 增加到 15.83% 和 6.15%,这可能是因为 N,S-MMCSs 表面的 C—C/C—H、C—OH 和 C＝O 等还原官能团可以将吸附的 Cr(Ⅵ)还原为 Cr(Ⅲ),它们本身则被氧化。根据文献报道,在强酸实验条件(pH = 2)下,Cr(Ⅵ)和 Cr(Ⅲ)主要以 $HCrO_4^-$ 和 Cr^{3+} 的形式存在。因此,作者提出上述氧化还原反应按照式(6-17)、式(6-18)和式(6-19)发生。此外,吸附 Cr(Ⅵ)后,O—C＝O 的相对含量由 8.62% 下降到 5.52%,可通过式(6-20)分解。

$$—C—H + HCrO_4^- + 5H^+ = C—OH + Cr^{3+} + 3H_2O \qquad (6\text{-}17)$$

$$—C—OH + HCrO_4^- + 6H^+ = C＝O + Cr^{3+} + 4H_2O \qquad (6\text{-}18)$$

$$—C＝O + HCrO_4^- + 6H^+ = COOH + Cr^{3+} + 3H_2O \qquad (6\text{-}19)$$

$$—COOH + HCrO_4^- + 7H^+ = C—H + Cr^{3+} + 4H_2O + O_2 \qquad (6\text{-}20)$$

$$—NH— + HCrO_4^- + 6H^+ = N= + Cr^{3+} + 4H_2O \tag{6-21}$$

$$—C—SH + HCrO_4^- + 6H^+ = C=S + Cr^{3+} + 4H_2O \tag{6-22}$$

表 6-9 N,S-MMCSs 和 N,S-MMCSs-Cr 中 Cr、C、N、S 和 O 的结合能和相对含量

元素	形态	N,S-MMCSs		N,S-MMCSs-Cr	
		结合能 (eV)	相对含量 (%)	结合能 (eV)	相对含量 (%)
Cr 2p$_{1/2}$	Cr(Ⅵ)			588.9	7.85
	Cr(Ⅲ)			587.1	25.12
Cr 2p$_{3/2}$	Cr(Ⅵ)			578.6	31.53
	C(Ⅲ)			577.2	35.50
C 1s	C—C/C—H	284.8	75.02	284.8	72.50
	C—OH	286.0	11.24	286.0	15.83
	C=O	286.9	5.12	287.3	6.15
	O—C=O	289.0	8.62	289.2	5.52
N 1s	—N=	398.4	7.56	398.4	14.41
	—NH—	399.8	34.39	399.8	24.63
	—NH$^+$=	401.6	41.31	400.8	43.26
	—NH$_2^+$—	403.4	16.74	402.2	17.70
S 2p	C—SH	163.8	22.85	163.8	16.09
	C=S	164.6	6.51	164.6	7.63
	—SO$_X^-$	168.7	50.19	168.7	54.90
	—SO$_X^-$	169.8	20.45	169.8	21.38
O 1s		532.5		532.0	

图 6-13(d)显示了 N,S-MMCSs 和 N,S-MMCSs-Cr 的高分辨率 XPS N 1s 光谱,它们可分为—N=,—NH—,—NH$^+$=和—NH$_2^+$—的四个峰,并且 N 1s 中这些不同形态氮的结合能和相对含量如表 6-9 所示。可以看出,Cr(Ⅵ)被吸附到 N,S-MMCSs 上后,—NH—的相对含量从 34.39% 下降到 24.63%,而—N=的相对含量从 7.56% 增加到 14.41%,这可能是因为 HCrO$_4^-$

将—NH—氧化为—N＝，相关化学反应如式（6-21）所示。同时，发现—NH⁺＝和—NH₂⁺—的相对含量分别从 41.31% 和 16.74% 增加到 43.26% 和 17.70%，这可归因于 H⁺ 掺杂到—N＝中或氧化还原反应中与 Cr³⁺ 的螯合作用。此外，—NH⁺＝和—NH₂⁺—的存在有利于对带负电的 HCrO₄⁻ 的静电吸引。N,S-MMCSs 和 N,S-MMCSs-Cr 的高分辨率 S 2p 峰［见图 6-13（e）］可以拟合成四种不同的硫形态。结合能在 163.8 eV 和 164.6 eV 处的峰分别归属于 C—SH 键和共轭 C＝S 键中的结合硫。在 N,S-MMCSs 吸附 Cr（Ⅵ）后，C—SH 的相对含量降低（从 22.85%下降到 16.09%），C＝S 的相对含量增加（从 6.51%增加到 7.63%），作者认为上述含硫官能团与铬发生了氧化还原反应［式（6-22）］。另外，两种更高结合能处（168.7 eV 和 169.8 eV）的峰则归属于氧化硫部分（—SO$_x$⁻）。图 6-13（f）显示了高分辨率的 O 1s 峰，与 N,S-MMCSs（532.5 eV）相比，N,S-MMCSs-Cr 的 O 1s 的结合能明显向较低结合能（532.0 eV）的位置移动，表明 N,S-MMCSs 表面的含氧基团和 Cr（Ⅵ）之间发生了氧化还原反应或配位作用。

为了更好地了解含氮和含硫官能团对 N,S-MMCSs 吸附 Cr（Ⅵ）的协同作用，作者还拟合了 N-MMCSs 和 S-MMCSs 的高分辨率的 XPS C1s、N 1s、S 2p 和 O 1s 光谱（见图 6-14 和图 6-15），其中，C、N、S 和 O 的结合能和相对含量如表 6-10 所示。可以看出，N-MMCSs 中的含氮官能团和 S-MMCSs 中的含硫官能团与 N,S-MMCSs 中的含氮和含硫官能团相似，N-MMCSs、S-MMCSs 和 N,S-MMCSs 中的氮和硫含量也很接近（见表 6-8）。此外，由图 6-13 中的 XPS 结果可知，—NH—基团可原位将 Cr（Ⅵ）还原为 Cr（Ⅲ）并在它们之间形成螯合物，—NH⁺＝和—NH₂⁺—基团有利于与带负电的 Cr（Ⅵ）的静电吸引。C—SH 键也可以将 Cr（Ⅵ）还原为 Cr（Ⅲ）。因此，与 N-MMCSs 和 S-MMCSs 相比，上述分析很好地解释了氮原子和硫原子在 N,S-MMCSs 吸附 Cr（Ⅵ）的过程中起到的协同作用。

6.3.6.2　吸附前后扫描电镜和透射电镜对比

图 6-16 展示的是 N,S-MMCSs 吸附 Cr（Ⅵ）后的 SEM 和 TEM。可以看到，N,S-MMCSs 吸附 Cr（Ⅵ）后，多孔片状结构无明显变化，证明 N,S-MMCSs 吸附剂在强酸条件（pH＝2）下结构比较稳定。图 6-17 展示了 N,S-MMCSs 吸附 Cr（Ⅵ）后的元素分布，C、O、N、S、Cr 元素均匀分散在复合材料表面，表明 N,S-MMCSs 是一种高效的去除废水中 Cr（Ⅵ）的环境吸附材料。

表 6-10　N-MMCSs 和 S-MMCSs 中 C、N、S 和 O 的结合能和相对含量

元素	形态	N-MMCSs		S-MMCSs	
		结合能(eV)	相对含量(%)	结合能(eV)	相对含量(%)
C 1s	C—C/C—H	284.8	61.58	284.8	61.06
	C—OH	285.8	17.92	285.8	10.75
	C=O	287.0	5.34	286.8	9.68
	O—C=O	289.2	15.16	289.9	18.51
N 1s	—N=	398.4	24.03		
	—NH—	399.8	41.71		
	—NH$^+$=	401.1	25.83		
	—NH$_2^+$—	402.1	8.43		
S 2p	C—SH			163.8	12.75
	C=S			165.0	15.95
	—SO$_x^-$			168.3	33.71
	—SO$_x^-$			169.3	37.59
O 1s		532.0		532.1	

6.3.6.3　吸附前后红外光谱对比

作者还进行了 FTIR 光谱测量,以探索 N,S-MMCSs 和 Cr(Ⅵ)之间的相互作用(见图 6-18)。N,S-MMCSs 在 1 087 cm^{-1}、1 396 cm^{-1}、1 631 cm^{-1}、2 350 cm^{-1}、2 851 cm^{-1}、2 919 cm^{-1}、3 440 cm^{-1} 处的峰分别对应 C—O—C/C=S、C—N、C=O/C=N、S—H、C—H、O—H/N—H 的伸缩振动。Cr(Ⅵ)被吸附后,在 N,S-MMCSs-Cr 的 FTIR 图谱中出现了一个新的峰(635 cm^{-1}),这来自 Cr(Ⅲ)—O 键的拉伸振动,这可能是由于吸附在 N,S-MMCSs 表面的 Cr(Ⅵ)被还原为 Cr(Ⅲ)造成的。C—O—C/C=S(1 087 cm^{-1})和 S—H(2 350 cm^{-1})的伸缩振动峰分别向 1 118 cm^{-1} 和 2 375 cm^{-1} 处移动,C—N 的伸缩振动峰消失,C=O/C=N、C—H、O—H/N—H 的强度在去除 Cr(Ⅵ)后明显减弱。这些现象表明,在 N,S-MMCSs 吸附 Cr(Ⅵ)离子的过程中,含氮、含硫和含氧官能团与 Cr(Ⅵ)之间存在很强的相互作用。

6.3.6.4　吸附机制

根据以上对 N,S-MMCSs 和 N,S-MMCSs-Cr 的各种理化性质的表征,作者提出了一种合理的 N,S-MMCSs 吸附 Cr(Ⅵ)的机制(见图 6-19):

(1)物理吸附。N,S-MMCSs 具有大的比表面积和分级的微介孔结构,在

(a)SEM(一)　　　　　　　　　　　(b)SEM(二)

(c)TEM(一)　　　　　　　　　　　(d)TEM(二)

图 6-16　N,S-MMCSs 吸附 Cr(Ⅵ)后的 SEM 和 TEM

Cr(Ⅵ)(HCrO$_4^-$)与 N,S-MMCSs 之间产生范德华力。

（2）静电吸附。N,S-MMCSs 表面的大量氨基和羧基官能团被质子化后带正电荷,通过静电吸引大大促进了对带负电的 Cr(Ⅵ)离子的吸附。

（3）还原反应。N,S-MMCSs 上的还原性官能团(C—H、C—OH、C＝O、—NH—和 C—SH)可以在氢离子和电子的协助下,将部分吸附的 Cr(Ⅵ)离子原位还原为 Cr(Ⅲ)(Cr^{3+})。

（4）表面螯合。Cr(Ⅲ)被分级微介孔结构吸附,并与 N,S-MMCSs 中的含氮、含硫和含氧官能团螯合。

6.3.6.5　DFT 计算

为了进一步了解 Cr(Ⅵ)与不同碳基吸附剂之间的相互作用,进行了密度

(a)SEN

(b)C 元素分布

(c)O 元素分布

(d)N 元素分布

(e)S 元素分布

(f)Cr 元素分布

图 6-17　N,S-MMCSs 吸附 Cr(Ⅵ)后的 SEM 和 C、O、N、S 和 Cr 元素分布

泛函理论(DFT)计算。根据 SEM、BET、XPS、FTIR 分析和实验结果,选择表面存在缺陷和含氧官能团(C—OH,C = O)的单层石墨烯片和 $HCrO_4^-$ 分别作为碳基材料模型和 Cr(Ⅵ)团簇模型。使用吡啶型氮(—N =)、吡咯型氮(—NH—)和石墨型氮及硫氰酸盐(C—SH)和噻吩硫(C = S)原子(见图 6-20)模拟 N 和 S 掺杂。不同碳基吸附剂(N-MMCSs、S-MMCSs 和 N,S-MMCSs)和

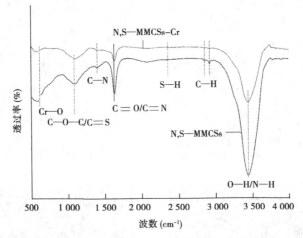

图 6-18　N,S-MMCSs 和 N,S-MMCSs-Cr 的红外光谱

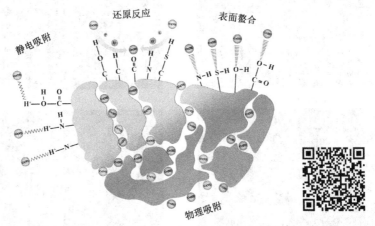

图 6-19　pH=2.0 溶液中 N,S-MMCSs 对 Cr(Ⅵ)的吸附机制

$HCrO_4^-$ 相互作用的最优吸附构型和吸附能(E_{ads})如图 6-21 所示。结果表明，对 $HCrO_4^-$ 的吸附能的大小顺序为：N,SMMCSs(-173.91 kJ/mol)>N-MMCSs(-80.70 kJ/mol)>S-MMCSs(-66.02 kJ/mol)，吸附能的值越负，说明 $HCrO_4^-$ 越容易吸附到碳基体上，吸附构型也更稳定。也就是说，双原子掺杂碳材料(N,S-MMCSs)比单原子掺杂碳材料(N-MMCSs 和 S-MMCSs)更容易吸附 $HCrO_4^-$，这与实验结果一致(见图 6-8)。总的来说，DFT 计算结果清楚地证明了 N 和 S 双掺杂引起的协同效应可以显著提高 Cr(Ⅵ)的吸附性能。

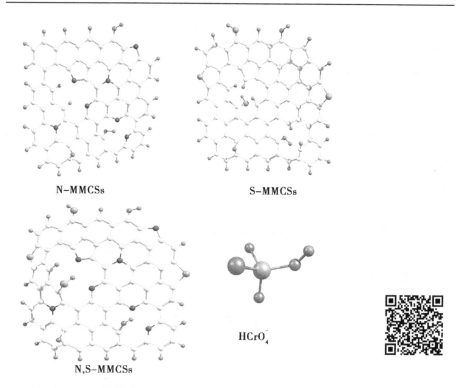

图 6-20　DFT 计算中 N-MMCSs、S-MMCSs、N,S-MMCSs 和 $HCrO_4^-$ 的简化模型
(黄色、蓝绿色、红色、品红、金色和深青色的球分别代表 C、H、O、N、S 和 Cr 原子)

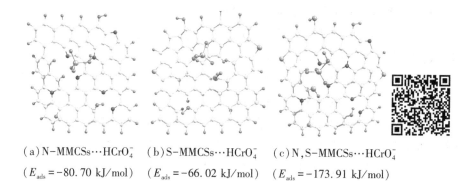

(a) N-MMCSs···$HCrO_4^-$　　(b) S-MMCSs···$HCrO_4^-$　　(c) N,S-MMCSs···$HCrO_4^-$

(E_{ads} = -80.70 kJ/mol)　　(E_{ads} = -66.02 kJ/mol)　　(E_{ads} = -173.91 kJ/mol)

图 6-21　N-MMCSs···$HCrO_4^-$、S-MMCSs···$HCrO_4^-$、和 N,S-MMCSs···$HCrO_4^-$ 的最佳
吸附构型和吸附能(黄色、蓝绿色、红色、品红、金色和深青色的球分别代表
C、H、O、N、S 和 Cr 原子)

为了进一步研究不同含碳吸附剂与 $HCrO_4^-$ 之间吸附能不同的原因,随后进行了 IGM 分析(见图 6-22)。IGM 分析的优点是可以用三维彩色填充等值面图像的形式精确地显示系统中非共价相互作用的区域。根据蓝-绿-红方案,等值面被着色,蓝色表示较强的吸引作用[$(\lambda_2)\rho$ 为负],如静电吸引、氢键相互作用、卤素键相互作用等;绿色表示弱范德华作用[$(\lambda_2)\rho$ 接近于零];红色表示强烈的空间排斥作用[$(\lambda_2)\rho$ 为正]。对于 N-MMCSs$\cdots HCrO_4^-$,可以观察到 $HCrO_4^-$ 和 C 原子不仅有很强的吸引力,而且有很强的排斥力。此外,$HCrO_4^-$ 和 N 原子(吡啶型氮、吡咯型氮和石墨型氮)具有较强的吸引力。对于 S-MMCSs$\cdots HCrO_4^-$,$HCrO_4^-$ 和 C 原子之间也存在较强的吸引和排斥作用,$HCrO_4^-$ 和 C—SH 基团具有较强的吸引作用。对于 N,S-MMCSs$\cdots HCrO_4^-$,$HCrO_4^-$ 与 N 和 S 原子之间存在较强的吸引作用,再次证明了 N 和 S 共掺杂对Cr(Ⅵ)吸附的协同作用。

6.4 结 论

本章以天然丝瓜络为原料,经 KOH 活化和水热处理,成功地合成了 N,S-MMCSs,并将其作为废水中 Cr(Ⅵ)的吸附剂。N,S-MMCSs 具有典型的分级微介孔片状结构、较大的比表面积、较高的孔体积及适当的氮和硫掺杂含量,这比单原子掺杂的 N-MMCSs 和 S-MMCSs 具有更好的吸附性能。N,S-MMCSs 吸附Cr(Ⅵ)的过程与 pH、吸附剂投加量、Cr(Ⅵ)初始浓度和温度密切相关,Langmuir等温线和准二级动力学模型能较好拟合吸附过程。在 298 K、308 K 和 318 K下,最大吸附容量分别为 217.39 mg/g、277.78 mg/g 和 312.50 mg/g,吸附效果优于文献报道的其他碳基材料。热力学计算验证了 Cr(Ⅵ)吸附的可行性、自发性和吸热性。Cr(Ⅵ)的吸附机制包括物理吸附、静电吸附、原位还原和表面螯合作用。DFT 计算表明,含 N 和 S 的官能团可以通过协同作用降低 Cr(Ⅵ)的吸附能,从而显著提高 Cr(Ⅵ)的吸附效果。因此,氮硫双掺杂碳材料是一种高效的去除 Cr(Ⅵ)的吸附剂,有望拓展杂原子掺杂生物碳的应用。

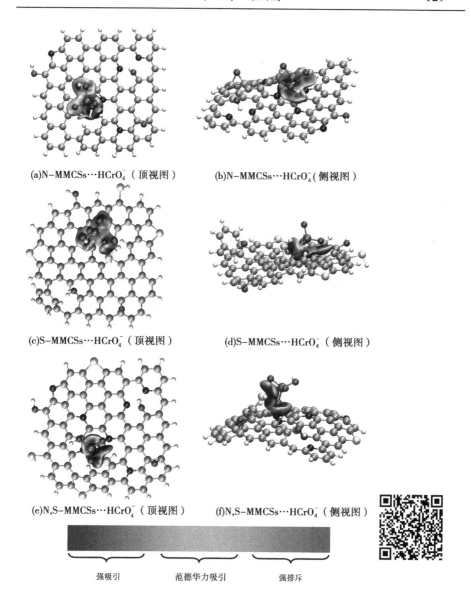

(a)N-MMCSs···HCrO$_4^-$（顶视图）　　　(b)N-MMCSs···HCrO$_4^-$（侧视图）

(c)S-MMCSs···HCrO$_4^-$（顶视图）　　　(d)S-MMCSs···HCrO$_4^-$（侧视图）

(e)N,S-MMCSs···HCrO$_4^-$（顶视图）　　　(f)N,S-MMCSs···HCrO$_4^-$（侧视图）

强吸引　　　　范德华力吸引　　　　强排斥

图 6-22　N-MMCSs···HCrO$_4^-$、S-MMCSs···HCrO$_4^-$ 和 N,S-MMCSs···HCrO$_4^-$ 的独立
梯度模型（IGM）（绿色、白色、红色、蓝色、黄色和棕色球分别代表 C、H、O、N、S 和 Cr 原子）

结　语

　　近年来,随着经济的快速发展和人们需求的日益增加,重金属废水污染已成为目前亟待解决的严重环境问题之一。本书主要围绕"杂原子掺杂碳在重金属废水处理中的应用"这一主题开展叙述和讨论。本书第一篇主要介绍了一些基础知识。首先介绍了重金属废水的来源、特点和危害,并详细对比了各种重金属废水处理方法的优缺点,随后探讨了吸附法在重金属废水处理中的研究现状,最后探究了杂原子掺杂碳在重金属废水处理中的应用前景。第二篇主要结合作者的研究实践,用几个实际的案例向读者展示了杂原子掺杂碳应用于重金属废水的处理。介绍了硼掺杂微介孔碳球对镉的吸附特性、硼掺杂石墨烯的制备及对废水中铬的吸附性能及机制,详细介绍了氮硫双掺杂微介孔碳片吸附废水中铬的影响因素、动力学、热力学、等温线和吸附机制。各个案例介绍翔实、内容系统,可供从事重金属废水处理的研究人员和技术人员参考使用,也可供相关专业的师生参考。

参 考 文 献

[1] 李青竹,王庆伟,柴立元. 重金属废水沉淀吸附处理理论与技术[M]. 长沙:中南大学出版社,2016.

[2] 姜晓雪. 植物多酚磁性复合材料的制备及对重金属的吸附研究[D]. 北京:北京林业大学,2019.

[3] 党志. 矿区污染源头控制:矿山废水中重金属的吸附去除[M]. 北京:科学出版社,2015.

[4] 马培. 食用菌废弃物在重金属废水处理中的应用[M]. 郑州:黄河水利出版社,2016.

[5] 徐礼春. 纳米 $Fe_3O_4/MnO_2@$ 石墨烯的制备与改性及其对 Pb(Ⅱ)的吸附研究[D]. 南昌:华东交通大学,2019.

[6] 刘金燕,刘立华,薛建荣,等. 重金属废水吸附处理的研究进展[J]. 环境化学,2018,37(9):2016-2024.

[7] 张运春. 生物炭在去除废水中重金属的应用现状[J]. 水污染及处理,2017,5(4):78-85.

[8] 刘若纳,杨伟鑫,刘雅慧,等. 果壳类生物质炭对水体中重金属吸附的研究进展[J]. 水污染及处理,2019,7(3):119-130.

[9] 肖琴,刘有才,曹占芳,等. 生物炭吸附废水中重金属离子的研究进展[J]. 环境科技,2019,32(1):72-77.

[10] 王重庆,王晖,江小燕,等. 生物炭吸附重金属离子的研究进展[J]. 化工进展,2019,38(1):692-706.

[11] 何慧军. 吸附法处理废水中重金属的研究[D]. 南昌:南昌航空大学,2012.

[12] 李仕友,胡忠清,陈琴,等. 改性生物炭对废水中重金属的吸附[J]. 工业水处理,2018,38(7):7-12.

[13] 陈景景. 杂原子掺杂煤基多孔炭球的制备及其电容性能研究[D]. 乌鲁木齐:新疆大学,2019.

[14] 王锐. 混配型 MOF 衍生杂原子掺杂碳纳米复合物的制备及其在能源转换与存储中的研究[D]. 郑州:郑州大学,2019.

[15] 刘得鑫. 过渡金属/非金属杂原子共掺杂碳纳米材料制备及其电催化性能的研究[D]. 秦皇岛:燕山大学,2019.

[16] 高小利. 杂原子掺杂碳材料的制备及电化学性能研究[D]. 郑州:郑州大学,2019.

[17] 杜梦奇. 杂原子掺杂多孔碳材料的制备及其储锂性能研究[D]. 兰州:兰州理工大学,2019.

[18] 柳诗语. 基于杂原子掺杂有序介孔碳的水体典型污染物检测与去除研究[D]. 长沙:湖

南大学, 2019.

[19] 韩军凯, 冯奕珏, 封伟. 掺杂石墨烯制备方法新进展[J]. 天津大学学报, 2020, 53 (5): 467-474.

[20] 王同洲, 王鸿. 多孔碳材料的研究进展[J]. 中国科学: 化学, 2019, 49(5): 729-740.

[21] 李康, 周媛, 张群峰, 等. 掺杂碳材料的制备及其负载贵金属在催化加氢反应中的应用研究进展[J]. 高校化学工程学报, 2019, 33(3): 516-523.

[22] 何佳伟. 网状氮掺杂碳球的一步法制备及其 Cr(Ⅵ) 去除性能[D]. 大连: 大连理工大学, 2016.

[23] 周宇, 王宇新. 杂原子掺杂碳基氧还原反应电催化剂研究进展[J]. 化工学报, 2017, 68(2): 519-534.

[24] 史超, 包永胜, 贾美林, 等. 硼掺杂介孔碳材料的研究进展[J]. 应用化工, 2018, 47 (8): 1723-1726.

[25] 薛晓艺. 杂原子掺杂碳材料的结构优化及电催化性能研究[D]. 郑州: 郑州大学, 2019.

[26] 杨昆鹏, 万亚萌, 严俊俊, 等. 锂硫电池硫基碳正极材料及其改性研究进展[J]. 应用化工, 2020, 49(4): 979-985.

[27] 康婉文, 全海燕, 黄永浩, 等. 氮掺杂石墨烯制备及其应用研究进展[J]. 纳米技术, 2019, 9(1): 17-31.

[28] 雷龙艳. 杂原子二元掺杂介孔碳材料的制备及性能研究[D]. 兰州: 兰州理工大学, 2016.

[29] 张德懿, 雷龙艳, 尚永花. 氮掺杂对碳材料性能的影响研究进展[J]. 化工进展, 2016, 35(3): 831-836.

[30] Liu L, Guo X, Tallon R, et al. Highly porous N-doped graphene nanosheets for rapid removal of heavy metals from water by capacitive deionization[J]. Chemical Communications, 2016, 53(5): 881-884.

[31] Saha D, Barakat S, Van Bramer S, et al. Non-competitive and competitive adsorption of heavy metals in sulfur-functionalized ordered mesoporous carbon[J]. ACS Applied Materials & Interfaces, 2016, 8: 34132-34142.

[32] Wei Y, Xu L, Yang K, et al. Electrosorption oftoxic heavy metal ions by mono S-or N-doped and S, N-codoped 3D graphene aerogels[J]. Journal of the Electrochemical Society, 2017, 164(2): E17-E22.

[33] Sun J, Zhang Z, Ji J, et al. Removal of Cr^{6+} from wastewater via adsorption with high-specific-surface-area nitrogen-doped hierarchical porous carbon derived from silkworm cocoon [J]. Applied Surface Science, 2017, 405: 372-379.

[34] Huang J, Li Y, Cao Y, et al. Hexavalent chromium removal over magnetic carbon nanoadsorbent: synergistic effect of fluorine and nitrogen co-doping[J]. Journal of Materials Chemistry A, 2018, 6: 13062-13074.

[35] 陈锋, 郭世浩, 刘佩, 等. 硼掺杂多孔碳球吸附 Cd(II)的热力学和动力学[J]. 科学技术与工程, 2020, 20(4): 1544-1550.

[36] 陈锋, 张谋, 朱颖, 等. 硼掺杂微介孔碳球对镉的吸附特性及机理[J]. 生态环境学报, 2019, 28(6): 1193-1200.

[37] 陈锋, 马路路, 郭世浩, 等. 硼掺杂石墨烯对废水中铬(VI)的吸附性能及吸附机理研究[J]. 应用化工, 2019, 5: 1001-1006.

[38] 陈锋, 马路路, 张谋, 等. 硼掺杂还原氧化石墨烯吸附六价铬的动力学和热力学研究[J]. 化工新型材料, 2020, 48(7): 139-144.

[39] Chen F, Zhang M, Ren J, et al. Nitrogen and sulfur codoped micro-mesoporous carbon sheets derived from natural biomass for synergistic removal of chromium(VI): adsorption behavior and computing mechanism[J]. Science of the Total Environment, 2020, 730: 138930.